气象观测装备故障维修手册系列丛书

DZZ4 型自动气象站维修手册

中国气象局综合观测司

China Meteorological Press

内 容 简 介

    本手册简述了DZZ4型自动气象站的设备外观及结构、组成及功能、设备配置清单和技术参数等;分析和讨论了DZZ4型自动站的技术特征和故障特点,提出了按照故障现象划分故障等级的分级索引原则;重点描述了以设备故障现象为索引,以故障维修、硬件置换、软件及参数配置为重点的故障排除方法和具体操作流程;分别介绍了DPZ1型综合集成硬件控制器、DNQ1型能见度仪和DSC1型称重式降水传感器等既能够独立使用又可以作为自动站组成部分的智能传感器的故障排除方法。

    本手册可作为气象装备分级保障、地面观测和气象仪器生产研发等相关领域的业务技术人员和气象装备保障业务管理部门的工具书,也可以作为相关院校或培训机构气象仪器技术等专业的参考书籍。

图书在版编目(CIP)数据

    DZZ4型自动气象站维修手册 / 中国气象局综合观测司编著. — 北京 :气象出版社,2018.11(2020.8重印)
    ISBN 978-7-5029-6830-4

    Ⅰ.①D… Ⅱ.①中… Ⅲ.①自动气象站-维修-技术手册 Ⅳ.①TH765.7-62

    中国版本图书馆 CIP 数据核字(2018)第 206350 号

DZZ4 型自动气象站维修手册
中国气象局综合观测司

出版发行:气象出版社	
地　　址:北京市海淀区中关村南大街 46 号	**邮政编码**:100081
电　　话:010-68407112(总编室)　010-68408042(发行部)	
网　　址:http://www.qxcbs.com	**E-mail**:　qxcbs@cma.gov.cn
责任编辑:林雨晨	**终　审**:吴晓鹏
责任校对:王丽梅	**责任技编**:赵相宁
封面设计:博雅思企划	
印　　刷:北京建宏印刷有限公司	
开　　本:787 mm×1092 mm　1/16	**印　张**:12.5
字　　数:320 千字	
版　　次:2018 年 11 月第 1 版	**印　次**:2020 年 8 月第 3 次印刷
定　　价:60.00 元	

本书如存在文字不清、漏印以及缺页、倒页、脱页等,请与本社发行部联系调换。

《气象观测装备故障维修手册系列丛书》
总编委会

主　　任：于新文

副主任：王劲松　李良序

成　　员：李　麟　李昌兴　朱小祥　赵均壮

　　　　　邵　楠　房岩松　侯　柳

《DZZ4型自动气象站维修手册》
编写组

主　　编：安忠亮

副主编：冯冬霞　花卫东

成　　员：安学银　曹兴锋　刘晋生　干兆江

　　　　　王佳明　张玉洁　崇　伟　曾　涛

　　　　　粟　焱　范立清　马传成

总　序

　　综合气象观测是气象和地球相关学科业务与科研的重要基础,在气象防灾减灾、应对气候变化和生态文明建设中占有重要地位。推动以智慧气象为标志的气象现代化建设,全面建成现代化气象强国,离不开综合智能、稳定可靠运行的气象观测系统,因此,加强观测保障业务能力建设尤为重要。

　　《全国气象现代化发展纲要(2015—2030年)》提出"建成信息化的装备保障业务",《综合气象观测业务发展规划(2016—2020年)》明确提出"加强技术装备保障能力建设""增强维护维修能力,建立装备分级保障及评价制度",为新时代装备保障业务发展指明方向。近年来,我国气象装备保障工作取得长足的进步,装备保障能力显著提升。装备保障业务一体化系统在全国气象部门推广应用,实现了气象观测装备从出厂到报废全寿命跟踪管理。在国、省两级完成气象观测装备维修测试平台的建设,核心业务装备自主保障能力进一步增强,实现了气象计量检定业务的自动化和批量化以及全国地市移动校准维修系统的全覆盖。

　　同时,装备保障工作也面临诸多挑战,一是保障的类别多、数量大、分布广,需要运行保障的装备有各种气象观测站60000多个、各类观测装备270多种,覆盖全国96%的乡镇;二是保障业务有时限性要求。出现装备故障时要迅速响应,在规定的时间内完成保障任务。比如:国家级地面气象观测站在台站的维修时限为12小时,地市级维修时限为24小时,省级维修时限为36小时。三是新装备新技术对保障工作提出新要求。随着高新技术的不断应用,低功耗、高精度、可见光红外和微波全波段组合观测技术、固态发射机、相控阵技术以及大气成分观测等新型探测技术进入观测业务系统,装备保障技术需要与时俱进、开拓创新,不断跟踪和掌握新型技术装备的保障工作。

　　面对新形势、新挑战和新要求,装备保障要更好地为气象现代化和全面实现气象观测自动化做好基础支撑,首先,要提高气象观测技术装备保障业务水平。建设装备保障综合业务系统,统一技术标准和业务平台,加快建设各级互联互通、涵盖装备保障各项功能的综合业务系统。制定各类气象观测技术装备诊断维修、维护巡检业务标准,完善各类技术装备维护维修业务规定。针对各类气象观测系统运行特点和各地实际,分类建立适应观测系统运行要求的维护维修保障模式,提升气象观测技术装备综合保障能力。其次,要健全装备保障业务体制机制。完善自主保障和社会化保障有机结合的工作机制,结合技术装备运行特点和各地实际,逐步推进数量多、分布广、维护简易的装备维护维修保障社会化,实现自主保障和社会化保障有机结合。加强综合气象观测业务统筹协调,在观测系统建设的同时,同步建设相应的装备保障系统。建立运行监控、维护维修、计量检定和储备供应业务间分工协作、上下衔接、左右配合的联动机制,形成装备保障业务合力,提高业务运行效率。最后,要加强装备保障科技支撑和队伍建设。鼓励各级各单位装备保障技术创新活动,引导和促进创新成果业务转化和应用。完善装备保障业务岗位设置和激励机制,稳定装备保障队伍,完善装备保障业务培训机制,不断提高保障业务人员的业务水平和专业技能。

因此,中国气象局综合观测司通过充分调研,编制印发了《省级气象观测装备维修业务分级指导意见》,并组织全国天气雷达、新型自动气象站及探空雷达的技术专家及相关生产厂家编写了《DZZ4 型自动气象站维修手册》等系列维修手册(以下简称《维修手册》),完善了省(区、市)、地(市)、县级气象部门维修业务流程和运行机制,针对不同装备运行特点和实际维修需求,制定分级分类维修标准,规范维修业务流程。

《维修手册》一共十二册,涵盖了观测业务中各种型号的天气雷达、新型自动气象站及探空雷达等观测装备,其中天气雷达七册、探空雷达一册、新型自动气象站四册。《维修手册》以装备基本原理和故障现象为索引,以具体故障诊断处理方法和操作流程为主线,还给出了关键点维修测试流程及仪器仪表操作方法,主要内容包括设备概况、基本清单、技术指标、故障现象和索引列表、故障诊断和排除方法、测试维修流程、仪器仪表操作方法和附录等。

《维修手册》正是满足了广大基层保障技术人员的需求,为基层保障技术人员使用和维护维修气象装备提供直接指导。希望本套手册能为工作在气象装备保障一线的业务人员提供更好的探空雷达、天气雷达和自动气象站等维护维修技术,提高业务技术能力。

2018 年 10 月 25 日

前　言

　　《DZZ4 型自动气象站维修手册》主要依据《地面气象观测规范》（中国气象局，2003 年 7 月）、《新型自动气象（气候）站功能需求书（修订版）》（中国气象局综合观测司，2012 年 8 月）、《气象观测装备维修业务管理办法（试行）》（中国气象局综合观测司，2014 年 10 月）、《气象装备技术保障手册——自动气象站》（中国气象局综合观测司，2011 年 5 月）、《新型自动气象站维修规范（试行）》（中国气象局综合观测司，2015 年 9 月）等标准、规定和技术资料，并以实际维修经验为基础编写成册。主要内容包括设备概况、设备配置清单、技术参数、故障索引表、故障维修和附录等，其中故障排除方法为本手册的重点部分，从故障现象、故障分析、技术依据、维修流程、检测要点和恢复测试等六个方面进行了详细介绍。

　　DPZ1 型综合集成硬件控制器作为自动气象观测系统的通信中枢，其运行及技术保障相对独立，故单独编为附录 F；DNQ1 型能见度仪和 DSC1 型称重式降水传感器等智能传感器作为自动气象观测系统的重要组成部分，因其具备自成系统的特点，故也单独编写为附录 E 和附录 D。其中，设备维修内容以附录的形式作为本手册的重要组成部分。

　　本手册以故障现象为索引，以具体操作流程和处理方法为编写重点，层次清晰、图文并茂，内容力求通俗易懂，避免过于理论性的叙述。维修保障人员可以按图索骥排除故障，做好自动气象站维修保障业务，以达到提高维修时效目的。同时，本手册编写了故障等级划分，根据故障难易程度和不同岗位业务人员的能力要求，划定维修故障级别，为装备维修人员职责分工、装备分级保障能力评估和业务人员定量化考核提供依据。

　　本手册既适合气象部门业务技术和管理人员作为维修手册使用，也可作为培训教材。如有疏忽和错误之处，欢迎广大读者批评指正。

编者

2018 年 10 月

目　录

1 设备概况

1.1 概述

DZZ4 型自动气象站作为一种地面气象自动化观测系统,可完成气温、湿度、气压、风向、风速、降水量、地温、蒸发、雪深、能见度等要素的数据采集、处理、质控、存储和传输。它基于现代总线技术和嵌入式系统技术构建,由硬件和软件两大部分组成。硬件包括采集器(一个主采集器和若干个分采集器)、外部总线、传感器、外围设备四部分;软件包括嵌入式软件、业务软件两部分。

1.2 设备外观及结构图

设备外观见图 1.1,功能结构见图 1.2。

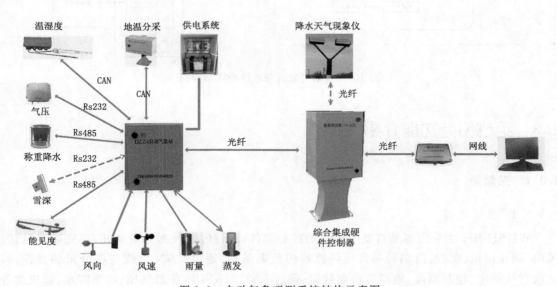

图 1.1 自动气象观测系统结构示意图

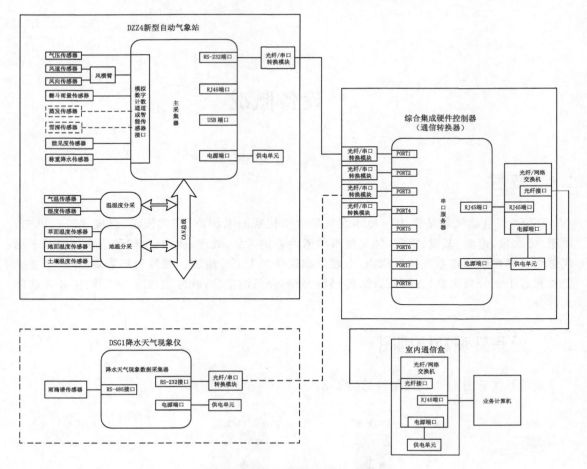

图 1.2　自动气象观测系统功能结构图

1.3　组成部分功能介绍

1.3.1　采集器

1.3.1.1　主采集器

　　WUSH-BH 主采集器是自动气象站的核心部件,通过内部数据采集单元,可完成对风速、风向、翻斗雨量、蒸发、总辐射等常规传感器的数据采集;通过 CAN 总线与各分采集器连接,获取空气温度、相对湿度、地温等观测数据;通过 RS232、RS485 获取气压、称重降水、能见度等智能传感器的观测数据,并完成所有观测数据的计算处理、质量控制、记录存储、通信传输等(图 1.3)。

　　主采集器运行指示灯"RUN"、CF 卡指示灯状态说明见表 1.1 和表 1.2。

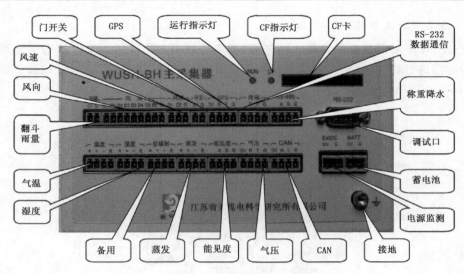

图 1.3 主采集器面板布局图

表 1.1 主采集器"RUN"指示灯状态

序号	指示灯状态	说 明
1	常亮	系统正在启动中。此过程持续时间约为 30s
2	1/4s 闪（1/4s 亮、1/4s 暗）	应用程序正在启动中。此过程持续时间约为 15s
3	秒闪（1s 亮、1s 暗）	表示应用程序运行正常
4	快闪（0.1s 亮、0.1s 暗）	表示应用程序已停止运行。一般在维护过程中出现。若在非维护过程中出现，说明系统出现故障
5	2 次快闪（闪 2 次，停 1s）	CF 卡加载成功，等待操作。此过程持续时间可达 2min。若长时间处于此状态，说明 CF 卡未插好或有故障，拔下后重新插入再试一次
6	3 次快闪（闪 3 次，停 1s）	已检测到插入 CF 卡，正在进行加载。此过程持续时间约为 2s。若长时间处于此状态，说明 CF 卡未插好或有故障，拔下后重新插入再试一次
7	4 次快闪（闪 4 次，停 1s）	CF 卡故障。说明 CF 卡未插好或有故障，拔下后重新插入再试一次
备注	上电后，未插 CF 卡时，RUN 灯按 1→2→3 顺序闪。插有 CF 卡时，按 1→2→6→5→3 顺序闪	

表 1.2 主采集器"CF"指示灯状态

序号	指示灯状态	说 明
1	不亮	工作正常或未插 CF 卡
2	亮	采集器正对 CF 卡进行读写操作
备注	CF 灯点亮期间，勿拔 CF 卡，以免丢失数据	

1.3.1.2　温湿度分采集器

　　WUSH-BTH 温湿度分采集器挂接气温、湿度传感器(图 1.4)。工作状态下按预定频率对两个传感器进行扫描,收到主采集器同步信号后,将采样数据通过 CAN 总线发送给主采集器(图 1.5)。

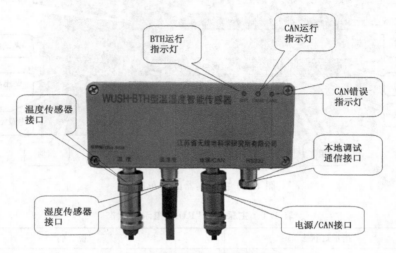

图 1.4　温湿度分采集器外观图

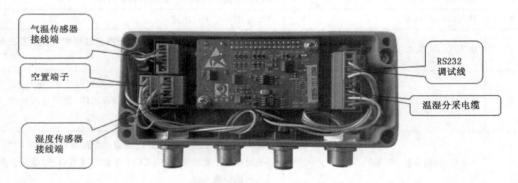

图 1.5　温湿度分采集器内部布局图

　　温湿度分采集器加电后,指示灯状态说明见表 1.3。

表 1.3　温湿度分采指示灯状态

指示灯名称	功能	状态	说明
运行	BTH 运行状态	秒闪	温湿度分采集器工作正常
CANR (绿色)	CAN 总线运行状态	秒闪	温湿度分采集器初始化完成,开始连接 CAN 总线。此过程要持续几秒钟时间
		常亮	成功连接 CAN 总线
		持续闪烁	CAN 总线有问题

续表

指示灯名称	功能	状态	说明
CANE	CAN 总线错误状态	不亮	CAN 总线通信正常
		闪烁	CAN 总线通信故障

温湿度分采集器接线图见图 1.6。

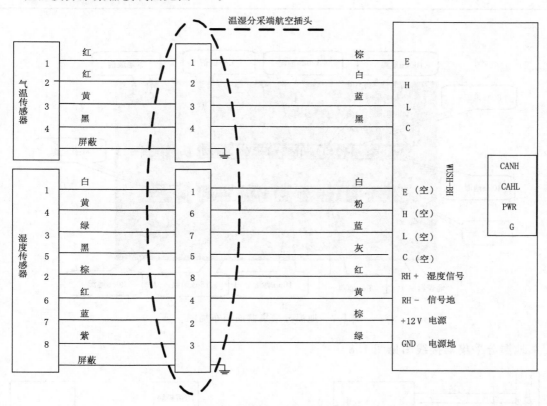

图 1.6　温湿度分采集器接线图

1.3.1.3　地温分采集器

WUSH-BG 地温分采集器可挂接草温、地表温、浅层地温、深层地温传感器(图 1.7)。工作状态下按预定频率对挂接的传感器进行扫描,将采样数据通过 CAN 总线发送给主采集器。

地温分采集器加电后,指示灯状态说明见表 1.4。

表 1.4　地温分采指示灯状态

指示灯名称	功能	状态	说明
运行	分采运行状态	秒闪	地温分采集器工作正常
CANR (绿色)	CAN 总线运行状态	秒闪	地温分采集器初始化完成,开始连接 CAN 总线。此过程要持续几秒钟时间
		常亮	成功连接 CAN 总线
		持续闪烁	CAN 总线有问题

指示灯名称	功能	状态	说明
CANE	CAN 总线错误状态	不亮	CAN 总线通信正常
		闪烁	CAN 总线通信故障
COM	调试串口通信状态	亮	串口正在进行数据通信

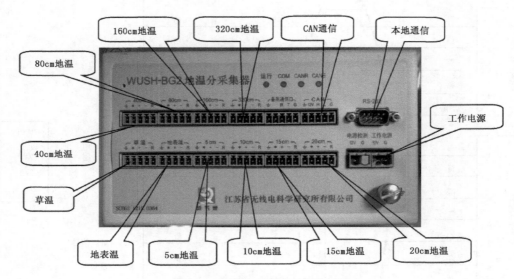

图 1.7 地温分采集器面板布局图

地温分采集器接线图见图 1.8。

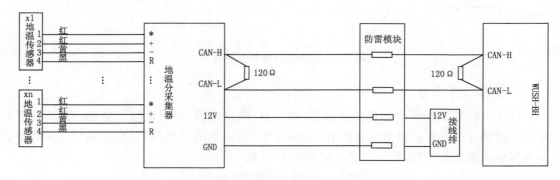

图 1.8 地温分采集器接线图

1.3.2 传感器

1.3.2.1 气温传感器

WUSH-TW100 高精度铂电阻气温传感器(图 1.9)利用铂电阻阻值随着温度的变化而改变的特性来测量温度。0℃时的电阻阻值为 100Ω,气温每升高或降低 1℃,电阻阻值增大或减小约 0.385Ω。为消除长线和接触电阻等影响,达到高精度测量要求,采用四线制方式测量铂电阻阻值变化。

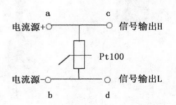

图 1.9 气温传感器　　　　　　　　图 1.10 温度传感器四线制示意图

图 1.10 中 a 与 c 间、b 与 d 间阻值为信号线电阻,阻值一般为 1Ω 左右,称为同端电阻(R_2)。a(c) 与 b(d) 间阻值为信号线电阻与铂电阻之和,一般为 80～120Ω,称为异端电阻(R_1)。气温(T)近似计算公式如下:

$$T = \frac{R_1(异端电阻值) - R_2(同端电阻值) - 100\Omega}{0.385\Omega/℃} \tag{1.1}$$

1.3.2.2 地温传感器

ZQZ-TW 铂电阻地温传感器(图 1.11)测量原理同气温传感器。

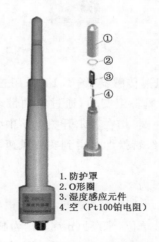

1. 防护罩
2. O形圈
3. 湿度感应元件
4. 空(Pt100铂电阻)

图 1.11 ZQZ-TW 地温传感器　　　　图 1.12 DHC2 湿度传感器

1.3.2.3 湿度传感器

DHC2 型湿度传感器(图 1.12)采用 HUMICAP180R 高精度湿敏电容,当环境湿度发生改变时,湿敏电容的介电常数发生变化,其电容量也随之变化,电容变化量与相对湿度具有对应关系。变换电路将电容变化量转换为 0～1V 直流电压输出,线性对应 0～100％RH。

1.3.2.4 风向、风速传感器

ZQZ-TF 风向传感器(图 1.13)的感应元件为风向标组件。当风向标组件随风向旋转时,带动主轴及码盘(由七层等分的同心圆组成 128 等分,相邻的两份做透光和不透光处理)一同旋转,每转动 2.8125°,光电耦合器件输出七位(D0—D6)并行格雷码,经整形电路整形、反相后输出。

图 1.13　风向传感器

主采集器为风向传感器提供间歇式 DC 5V 工作电压。当换成恒定 DC 5V 供电时，传感器每根信号线输出接近 0V 的低电平或 DC 4.9V 左右的高电平。

图 1.14　风速传感器

ZQZ-TF 风速传感器（图 1.14）采用三杯式感应器，信号变换电路为霍尔开关电路。在水平风力作用下，风杯组旋转，通过主轴带动磁棒盘旋转，其上的 36 只磁体形成 18 个小磁场。磁棒盘旋转每一圈，均在霍尔开关电路中感应出与风速成正比的频率信号，采集器计数通道对频率信号计数，经转换即可得到实际风速，用万用表频率挡测量风速信号，频率与风速呈线性关系。

其校准方程为

$$V = 0.1F \qquad\qquad\qquad (1.2)$$

式中，V 为风速，单位：米/秒（m/s）；F 为脉冲频率，单位：赫兹（Hz）。

采集器输出恒定 DC 5V 工作电压为风速传感器供电。风速的信号输出为频率信号，用万用表测量，风杯静止时输出信号电压为接近 0V 或 DC 4.3V 左右，风杯转动时为 AC/DC 2.3V 左右。

风向风速传感器接线图见图 1.15。

1.3.2.5　翻斗式雨量传感器

SL3-1 双翻斗雨量传感器（0.1mm/翻斗）由承水器、漏斗、上翻斗、汇集漏斗、计量翻斗、计数翻斗和干簧管组成（图 1.16）。

雨水由承水器汇集后经漏斗进入上翻斗，累积到一定量时，本身重量使上翻斗翻转，水进入汇集漏斗。降水从汇集漏斗的节流管注入计量翻斗时，把不同强度的自然降水调节成较均匀的降水，减少由于降水强度不同导致的测量误差。计量翻斗承接的水相当于 0.1mm 降水

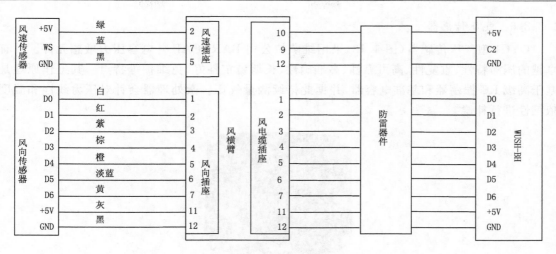

图 1.15　风传感器接线图

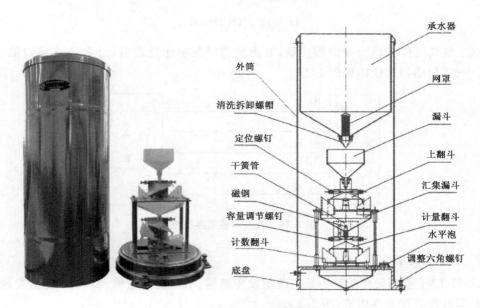

图 1.16　翻斗式雨量传感器

量时,把水翻倒入计数翻斗,使计数翻斗翻转一次。计数翻斗上的小磁钢对干簧管扫描一次,干簧管因磁化瞬间闭合一次,输出一个计数脉冲,相当于 0.1mm 的降水量。

DZZ4 型自动气象站雨量传感器接线图见图 1.17。

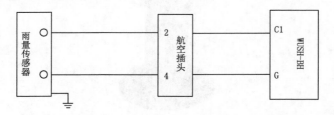

图 1.17　DZZ4 型自动气象站雨量传感器接线图

1.3.2.6　气压传感器

DYC1 型气压传感器(图 1.18)采用维萨拉公司 BAROCAP 硅电容压力敏感元件。具有卓越的压滞特性、重复性、高可靠性、高准确性、长期稳定性好、免维护等特点。其工作原理是基于高级 RC 振荡器和基准电容器,并据此持续测量气压。微处理器会针对压力线性和温度依赖性进行补偿。

图 1.18　气压传感器

DYC1 型气压传感器为智能传感器,其测量值经数字化处理后,由 RS232 串口输出到主采集器。气压传感器接线图见图 1.19。

图 1.19　气压传感器接线图

1.3.2.7　蒸发传感器

WUSH-TV2 型蒸发传感器由超声波蒸发传感器、不锈钢测量筒、E-601B 型蒸发桶、连通管、水圈、百叶箱等配套件组成(图 1.20)。

图 1.20　蒸发传感器

　　根据超声波测距原理,测量探头通过检测量筒内超声波脉冲发射和返回的时间差来计算水位变化情况并转换成电流信号输出,测量探头还具温度补偿功能。测量探头的输出为4～20mA电流信号,对应100～0mm蒸发水位。

　　蒸发传感器接线图见图1.21。

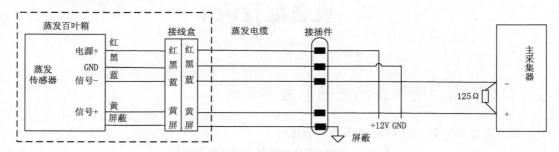

图1.21　蒸发传感器接线图

1.3.2.8　DSC1型称重式降水传感器

　　详见附录D:DSC1称重式降水传感器分册。

1.3.2.9　DNQ1型前向散射式能见度仪

　　详见附录E:DNQ1型前向散射式能见度仪分册。

1.3.3　电源

　　电源箱内安装空气开关、电源转换模块、直流和交流防雷模块、接线排、蓄电池、充电保护模块等(图1.22)。输入电压为AC 220V,额定输出电压为DC 13.8V。

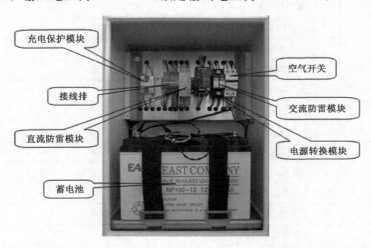

图1.22　DZZ4型自动气象站电源箱内部布局图

1.3.4　DPZ1型综合集成硬件控制器

　　详见附录F:DPZ1型综合集成硬件控制器分册。

2　设备配置清单

2.1　DZZ4 型自动气象站设备配置清单

DZZ4 型自动气象站设备配置清单见表 2.1

表 2.1　DZZ4 型自动气象站设备配置清单

类别	名称	型号/规格	备注
风向风速	风向传感器	ZQZ-TF	禁拆部件
	风速传感器	ZQZ-TF	禁拆部件
	风横臂	ZQZ-TF	
	风电缆		
温湿度	温湿分采	WUSH-BTH	
	温度传感器	WUSH-TW100	禁拆部件
	湿度传感器	DHC2	禁拆部件
	温湿度电缆		
	温湿度 CAN 电缆		
雨量	雨量机芯	SL3-1	
	雨量外筒	SL3-1	
	雨量电缆		
	干簧管		易损部件
气压	气压传感器	DYC1	禁拆部件
	气压通信电缆		
地温	地温分采集器	WUSH-BG	禁拆部件
	地温 CAN 电缆		
	地温传感器	ZQZ-TW	禁拆部件
采集器	主采集器	WUSH-BH	禁拆部件
通信	综合集成硬件控制器	DPZ1	禁拆部件
	光纤/串口转换模块	TCF-142-M	禁拆部件
	光纤/网络交换机	EDS-205A	禁拆部件
	光纤	多模,ST 接口	

类别	名称	型号/规格	备注
电源 电缆	空气开关	Acti 9 iC65N	禁拆部件
	电源转换模块	ML60.122	禁拆部件
	交流防雷模块	VAL-MS320/1+1	禁拆部件
	直流防雷模块	VF12DC	禁拆部件
	信号防雷模块	MDP-4/D-12-T-10	禁拆部件
	充电保护模块	WUSH-PBC	禁拆部件
	蓄电池	12V100AH	
	直流电源线	2*1	
	交流电源线	3*0.75	
	光纤跳线	62.5/125-ST	
接线端子	接线端子	MSTB2.5/2-ST-5.08	
	接线端子	MC1.5/2-ST-3.81	
	接线端子	MC1.5/3-ST-3.81	
	接线端子	MC1.5/4-ST-3.81	
	接线端子	MC1.5/9-ST-3.81	
其他	CF 卡	2G	

2.2 DSC1 型称重式降水传感器设备配置清单

详见附录 D:DSC1 型称重式降水传感器。

2.3 DNQ1 型前向散射式能见度仪设备配置清单

详见附录 E:DNQ1 型前向散射式能见度仪。

2.4 DPZ1 型综合集成硬件控制器设备配置清单

详见附录 F:DPZ1 型综合集成硬件控制器。

3　技术参数

3.1　自动站测量技术参数表

自动站测量技术参数见表 3.1。

表 3.1　自动站测量技术参数表

测量要素	范围	分辨力	最大允许误差
气压	500～1100hPa	0.1hPa	±0.3hPa
气温	−50～50℃	0.1℃	±0.2℃
相对湿度	5%～100%RH	1%	±3%(≤80%)
			±5%(>80%)
风向	0～360°	3°	±5°
风速	0～60m/s	0.1m/s	±(0.5+0.03V)m/s 起动风速:≤0.5m/s
降水量	翻斗 (雨强 0～4mm/min)	0.1mm	±0.4mm(≤10mm)
			±4%(>10mm)
	称重 (容量 0～600mm)	0.1mm	±0.3mm(≤10mm)
			±3%(>10mm)
地表温度	−50～80℃	0.1℃	±0.2℃(−50～50℃)
			±0.5℃(50～80℃)
浅层地温	−40～60℃	0.1℃	±0.3℃
深层地温	−30～40℃	0.1℃	±0.3℃
蒸发量	0～100mm	0.1mm	±0.2mm(≤10mm)
			±2%(>10mm)
能见度	10～35000m	1m	±10%(10～10000m)
			±15%(10000～35000m)

3.2　传感器电气性能技术参数表

传感器电气性能技术参数见表 3.2。

表 3.2　传感器电气性能技术参数表

测量要素	输出信号	供电电源(电压范围)
气压	RS232C	DC 12V(10～35V)
气温	四线制电阻(PT100)	恒流源 1mA
相对湿度	DC 0～1V(对应 0～100%RH)	DC 12V(7～28V)
风向	7 位格雷码	DC 5V(5±0.5V)
风速	频率(线性方程 V=0.1F)	DC 5V(5±0.5V)
降水量	0.1mm 翻斗：脉冲(1 脉冲=0.1mm 降水)	—
	称重：RS232,RS485、脉冲	DC 12V(9～15V)
地表温度	四线制电阻(PT100)	恒流源 1mA
浅层地温	四线制电阻(PT100)	恒流源 1mA
深层地温	四线制电阻(PT100)	恒流源 1mA
蒸发量	4～20mA	DC 12V(9～15V)
能见度	RS485、RS232	DC 12V(12～50V)

3.3　主采集器通道电气性能技术参数表

主采集器通道电气性能技术参数见表 3.3。

表 3.3　主采集器通道电气性能技术参数表

采集通道	偏置电压(空载)	通信方式及参数
雨量	3.3V (C1)	—
风向	<0.5V(D0,…,D6)	—
风速	0.0V(C2)	—
终端	0V(R) −5.6V(T)	RS232,9600 N 8 1
称重	1.7(A) 1.5(B)	RS485,9600 N 8 1
能见度	1.7(A) 1.5(B)	RS485,4800 N 8 1
气压	0V(R) −5.6V(T)	RS232,2400 N 8 1
CAN	CANH=CANL≈2.5V	—

3.4　DSC1 型称重式降水传感器技术参数表

详见附录 D:DSC1 型称重式降水传感器。

3.5　　DNQ1 型前向散射式能见度仪技术参数表

详见附录 E:DNQ1 型前向散射式能见度仪。

3.6　　DPZ1 型综合集成硬件控制器技术参数表

详见附录 F:DPZ1 型综合集成硬件控制器。

4 故障维修索引表

4.1 故障分级表

故障分级见表4.1。

表 4.1 故障分级表

分级原则	故障分级		
	简单故障	一般故障	疑难故障
根据定位故障的技术难度划分	1. 通过更换预装业务软件的备份计算机、重装软件、修改配置参数能够排除的软件故障; 2. 通过直观检查能够发现的故障; 3. 通过简单测量电压、电阻能够定位的故障; 4. 通过替换法排除的传感器故障。	1. 根据测量数据,通过原理分析、技术参数比对等综合判断才能定位的故障; 2. 根据故障定位需要通过替换法验证的故障。	引起故障的原因不明确,软件及配置参数未见异常,根据测量数据分析无法定位故障,怀疑的部件全部更换故障依旧,需要多方会商、综合测试或验证排除的故障。
根据修复故障的复杂程度划分	1. 软件故障; 2. 连接节点处的断路、短路、接触不良故障的修复; 3. 传感器的更换。	1. 更换的部件有可能影响其他正常要素; 2. 需要重新调试或配置参数的部件更换; 3. 需要考虑人身安全及设备安全问题的部件更换。	
根据备件储备的整体情况划分	目前大部分台站都有储备的传感器等部件的更换。	根据目前全国大部分省气象局备件储备情况,只有市气象局储备的采集器、智能传感器、电缆、光缆、电源部分等部件的更换。	

4.2 DZZ4型自动气象站故障维修索引表

DZZ4型自动气象站故障维修索引表见表4.2。

表 4.2　DZZ4 型自动气象站故障维修索引表

序号	故障现象	故障原因/部位	故障解决方案	故障级别
1	电源系统故障。	市电输入异常； 自动站空气开关意外跳闸。	见 5.1	简单故障
		自动站空气开关故障； 电源转换模块故障； 自动站蓄电池故障； 断路、短路故障。	见 5.1	一般故障
2	通过自动站主采集器处理的全部气象要素数据缺测。	ISOS 软件及参数配置错误； 主采集器死机； 主采集器及直流防雷器电源线连接点接触不良； 主采机箱内通信线路接触不良。	见 5.2	简单故障
		主采集器故障； 主采机箱内供电部件故障； 主采机箱内通信部件故障。	见 5.2	一般故障
		系统接地不良或外部电磁干扰。	见 5.22	疑难故障
3	通过自动站主采集器处理的全部气象要素数据时有时可补收完整。	终端计算机上的其他软件影响 ISOS 软件可靠运行； 时钟不同步。	见 5.3	简单故障
		通信链路工作不稳定； 传输电缆或光纤接触不良。	见 5.3	一般故障
		系统接地不良或外部电磁干扰。	见 5.22	疑难故障
4	自动站主采集器处理的全部气象要素数据不定期缺测且无法补收。	自动站供电不稳定； 主采集器性能不稳定。	见 5.4	一般故障
		系统接地不良或外部电磁干扰。	见 5.22	疑难故障
5	温湿度与全部地温数据同时缺测或异常。	ISOS 软件及参数配置错误； CAN 信号线连接不良。	见 5.5	简单故障
		DC 12V 供电或主采集器 CAN 通信口故障； 防雷板故障； 温湿度电缆短路、地温电缆短路或同时断路故障； 温湿度、地温分采集器同时故障。	见 5.5	一般故障
		系统接地不良或外部电磁干扰。	见 5.22	疑难故障
6	气温、湿度数据同时缺测。	ISOS 软件及参数配置错误； 温湿电缆连接不良。	见 5.6	简单故障
		温湿电缆故障； 温湿度分采集器故障。	见 5.6	一般故障

序号	故障现象	故障原因/部位	故障解决方案	故障级别
7	气温、湿度数据同时异常。	传感器配置参数错误； 温湿度传感器线路连接不良； 气温、湿度传感器同时故障。	见 5.7	简单故障
		温湿度分采故障；	见 5.7	一般故障
		系统接地不良或外部电磁干扰。	见 5.22	疑难故障
8	气温数据缺测。	ISOS 软件及参数配置错误； 气温电缆连接不良； 气温传感器故障。	见 5.8	简单故障
		温湿度分采集器气温通道故障。	见 5.8	一般故障
9	气温数据异常。	参数配置错误； 电缆连接不良； 气温传感器故障。	见 5.9	简单故障
		温湿度分采集器气温通道故障。	见 5.9	一般故障
		系统接地不良或外部电磁干扰。	见 5.22	疑难故障
10	湿度数据异常。	参数配置错误； 电缆连接不良； 湿度传感器故障。	见 5.10	简单故障
		温湿度分采集器湿度通道故障。	见 5.10	一般故障
		系统接地不良或外部电磁干扰。	见 5.22	疑难故障
11	全部地温、草温数据缺测。	ISOS 软件及参数配置错误； 地温分采集器线路连接不良； 地温传感器同时故障。	见 5.11	简单故障
		地温电缆故障； 地温分采集器故障。	见 5.11	一般故障
12	全部地温、草温数据异常。	参数配置错误； 地温采集通道线路连接不良。	见 5.12	简单故障
		地温分采集器故障。	见 5.12	一般故障
		系统接地不良或外部电磁干扰。	见 5.22	疑难故障
13	单支或多支地温、草温数据异常。	参数配置错误； 地温传感器线路连接不良； 地温传感器故障。	见 5.13	简单故障
		地温分采集器通道故障。	见 5.13	一般故障
		系统接地不良或外部电磁干扰。	见 5.22	疑难故障
14	风向风速数据同时异常。	ISOS 软件及参数配置错误； 电缆连接不良； 风向风速传感器故障。	见 5.14	简单故障
		风向风速通道供电故障； 风向风速信号防雷（板）模块故障。	见 5.14	一般故障

序号	故障现象	故障原因/部位	故障解决方案	故障级别
14	风向风速数据同时异常。	主采集器通道故障; 风信号电缆故障; 风横臂电缆故障等。	见 5.14	一般故障
15	风向数据异常。	参数配置错误; 电缆连接不良; 风向传感器故障。	见 5.15	简单故障
		风向传感器供电故障; 风向信号防雷(板)模块故障; 主采集器风向通道故障; 风信号电缆故障; 风横臂风向电缆故障。	见 5.15	一般故障
16	风速数据异常。	参数配置错误; 电缆连接不良; 风速传感器故障。	见 5.16	简单故障
		风速传感器供电故障; 风速防雷(板)模块故障; 主采集器风速通道故障; 风信号电缆故障; 风横臂风速电缆故障。	见 5.16	一般故障
17	气压数据缺测。	ISOS软件及参数配置错误; 电缆连接不良; 气压传感器故障。	见 5.17	简单故障
		气压传感器供电故障; 主采集器通道故障。	见 5.17	一般故障
18	气压数据异常。	参数配置错误; 传感器故障。	见 5.18	简单故障
		气压传感器供电故障。	见 5.18	一般故障
		系统接地不良或外部电磁干扰。	见 5.22	疑难故障
19	翻斗雨量数据异常。	配置参数错误; 雨量传感器故障; 雨量电缆故障或连接不良。	见 5.19	简单故障
		主采集器通道故障。	见 5.19	一般故障
		外部电磁干扰。	见 5.22	疑难故障
20	蒸发数据异常。	参数配置错误; 蒸发电缆连接不良。	见 5.20	简单故障
		蒸发传感器故障; 蒸发电缆故障; 主采集器通道故障。	见 5.20	一般故障
		系统接地不良或外部电磁干扰。	见 5.22	疑难故障

序号	故障现象	故障原因/部位	故障解决方案	故障级别
21	湿度、翻斗雨量、风向、风速、蒸发单要素数据缺测。	在自动气象站中,湿度、翻斗雨量、风向、风速、蒸发等传感器硬件故障造成的数据异常,不会在业务软件中显示为缺测,数据缺测一般由软件设置等方面的原因导致。	见5.21	简单故障
22	各种故障:单要素、多要素和全要素都可能遇到疑难故障	接触不良; 软、硬件冲突; 外部电磁干扰; 系统接地不良; 市电零地电压偏高。	见5.22	疑难故障

4.3 DSC1 型称重式降水传感器故障维修索引表

详见附录 D:DSC1 型称重式降水传感器。

4.4 DNQ1 型前向散射式能见度仪故障维修索引表

详见附录 E:DNQ1 型前向散射式能见度仪。

4.5 DPZ1 型综合集成硬件控制器故障维修索引表

详见附录 F:DPZ1 型综合集成硬件控制器。

5　故障维修

5.1　电源系统故障

5.1.1　故障现象

电源系统直流输出异常。

5.1.2　故障分析

DZZ4 型自动气象站电源系统原理见图 5.1。

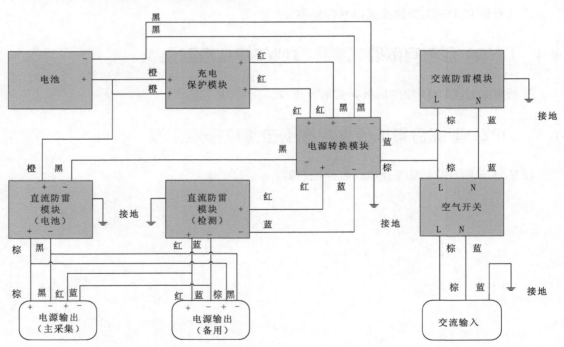

图 5.1　DZZ4 型自动气象站电源系统原理图

电源系统分交流、直流两部分。首先检查自动站交流电输入是否正常,然后排查因器件故障或线路连接错误引起的空气开关闭合失败;直流部分主要排查因器件故障或线路连接错误造成的电源转换模块过流保护,没有直流输出。

注意:市电的电压为 AC 220V,具有一定的危险性,在检修过程中应注意安全。

引起电源系统故障的原因可能有：

(1)市电输入异常；

(2)自动站空气开关故障或意外跳闸；

(3)电源转换模块故障；

(4)自动站蓄电池故障；

(5)因器件或连接线路引起的断路、短路故障。

5.1.3　技术依据

电源转换模块工作指示灯，正常情况下绿色常亮；输出直流电压范围可调整，正常情况下14.5V左右。

5.1.4　维修流程

维修流程见图5.2。

5.1.5　检测要点

检查市电输入是否正常：用万用表AC挡测量空气开关的输入端电压是否为220V±20%，若不是，依次检查输入市电的线路、UPS等。

检查空气开关是否跳闸：检查空气开关是否在"ON"位置，若不是，尝试做合闸处理。若合闸失败需检查交流防雷模块、电源转换模块及线路连接，排除短路引起的故障。

如果空气开关闭合后，输出电压不正常，则空气开关故障需更换。如果空气开关输出电压正常，电源转换模块交流输入端无AC 220V，检查交流部分线路连接，找到断路点并修复。

检查电源转换模块是否正常：电源转换模块额定输出DC 14.5V，如果电源转换模块交流电压输入正常，而直流输出异常，首先检查排除直流线路的短路故障以免烧毁电源转换模块。如果确认无短路故障而电源转换模块直流输出异常，则电源转换模块故障需更换。

如果电源系统直流输出异常，依次测量电源转换模块输出端、充电保护模块输入输出端、直流电源接线排等接点的直流电压是否正常，排除引起直流供电异常的故障器件或不良连接。

供电单元的蓄电池在达到使用寿命或者过度放电后性能下降，会导致失去后备电源的功能。在线路连接正常的情况下，若市电中断蓄电池供电时输出电压很快下降到DC 12V以下，应立即更换同规格蓄电池。

5.1.6　恢复测试

测量电源系统输出直流电压，一路提供系统用电DC 13.8V左右，另一路用于交流供电检测AC 14.5V左右；负载正常运行，则电源系统故障恢复。

5.2　全要素数据缺测

5.2.1　故障现象

通过自动站主采集器处理、传输的全部气象要素数据缺测。

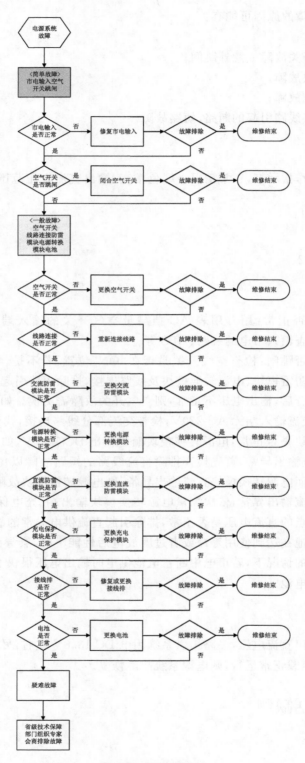

图 5.2　维修流程图

5.2.2 故障分析

自动站全部要素数据缺测原因一般为核心部件、系统公共部分故障或其他因素引起的系统异常。具体表现为主采集器故障、ISOS 软件故障或参数配置错误、通信系统部件或线路故障、供电系统部件或线路故障。系统接地不良或外部电磁干扰等原因也可能引起系统运行异常或不稳定。引起该故障的原因可能有:

(1)ISOS 软件及参数配置错误;

(2)主采集器死机;

(3)主采集器及直流防雷模块电源线连接点接触不良;

(4)主采机箱内通信线路接触不良;

(5)主采集器故障;

(6)主采机箱内供电部件故障;

(7)主采机箱内通信部件故障;

(8)系统接地不良或外部电磁干扰。

5.2.3 技术依据

DZZ4 型自动气象站系统连接图见图 5.3。

主采集器指示灯:应用程序运行正常情况下 RUN 指示每秒闪烁一次;CF 指示灯数据写入时闪烁。

光电转换模块:功能开关应为 ON OFF OFF OFF;指示灯为 PWR 常亮,TX 光纤有数据发送时亮,RX 光纤有数据接收时亮。

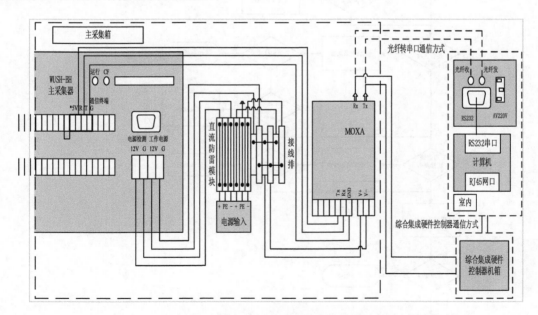

图 5.3 DZZ4 型自动气象站系统连接图

5.2.4 维修流程

维修流程见图 5.4。

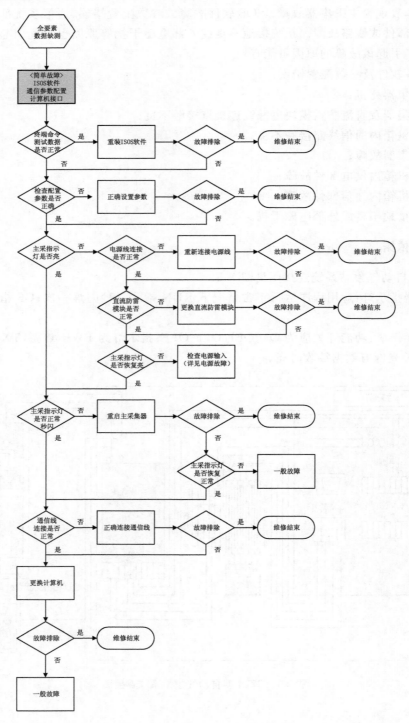

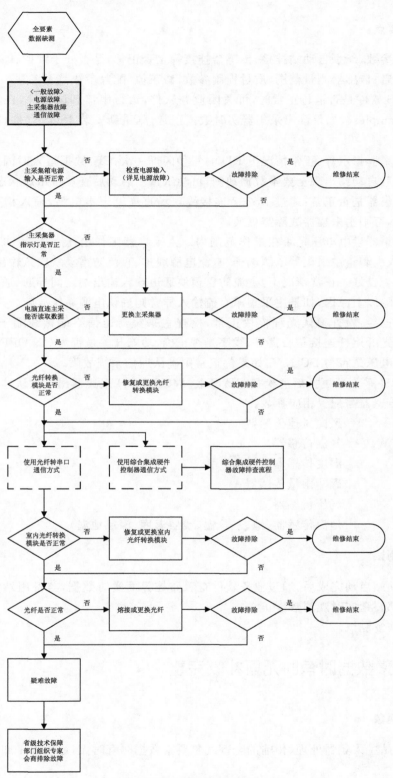

图 5.4 维修流程图

5.2.5　检测要点

　　检查通信参数、新型自动站挂接、传感器挂接等是否正常,是否处于维护、停用、标定状态;传感器是否开启;传感器测量范围、质量控制参数、修正值、配置参数是否正常。

　　检查 ISOS 软件是否运行正常时,可关闭业务软件,运行串口调试软件,在参数设置准确后输入命令"samples",如果读出采集器实时数据正常,则重新安装 ISOS 软件,同步台站信息及自动站参数。

　　检查主采集器指示灯:正常情况下 RUN:每秒闪烁一次;CF:数据写入时闪烁。当雷击或其他意外事故后自动站出现全要素数据缺测,可尝试重新启动后查看指示灯状态是否正常。

　　判断主采集器是否正常:通过 RS232 连接线现场直连笔记本电脑,输入相关命令读取自动站数据正常,否则主采集器故障需更换。

　　测量主采集器供电电压是否在工作范围内。主采集器工作电压一般为 DC 12～14V,若电压不正常,依次测量主采集器电源端子、直流电源线排、直流防雷模块输入输出端电压,检查各接点连接是否良好。正常情况下,直流防雷模块通道输入输出端之间导通、通道之间及通道对地断路。排除以上原因,如果主采集箱直流输入异常则确认电源系统故障。

　　检查通信连接:检查确认光纤模块正常,检查主采集器通信终端接线端子、光纤模块的 RS232 端子及光纤尾纤连接是否良好,线序是否正确,功能开关是否为 ON OFF OFF OFF,光纤模块的供电电压是否为 DC 12V,如果都正常则确认通信系统故障。

　　WUSH-BH 采集器更换后需检查配置参数,WUSH-BH 采集器出厂默认挂接的传感器如下,挂接其他传感器需配置相应参数。

ZQZ-TF	风向风速传感器
WUSH-TW100	气温传感器
DHC2	湿度传感器
SL3-1	翻斗雨量传感器
DYC1	气压传感器
ZQZ-TW	地温传感器(地表、草温、浅层温度、深层地温)

5.2.6　恢复测试

　　(1)待自动站启动完成后,通过业务软件查看监控界面实时数据,与备用站实时观测数据比较,确定全部要素实时观测数据正常。

　　(2)完成恢复测试。

5.3　全要素数据时有时无可补收完整

5.3.1　故障现象

　　通过自动站主采集器处理、传输的全部气象要素数据时有时无,通过人工卸载历史数据可补收完整。

5.3.2　故障分析

当 ISOS 软件上显示的数据时有时无,通过人工卸载历史数据可补收完整,说明主采集器运行正常,只是数据不能可靠传输到终端计算机。引起此故障的原因可能有:

(1)终端计算机上的其他软件影响 ISOS 软件可靠运行;

(2)时钟不同步;

(3)通信链路工作不稳定;

(4)传输电缆或光纤接触不良;

(5)系统接地不良或外部电磁干扰。

5.3.3　技术依据

系统连接图见 5.3。

5.3.4　维修流程

维修流程见图 5.5。

5.3.5　检测要点

通过查看 ISOS 软件,检查主采集器时钟是否与业务计算机同步,如果不同步,则人工同步时钟。

查看 ISOS 软件中的通信日志、状态文件,当通信日志中有乱码记录时,通信环节故障可能性较大,需重点排查。根据数据缺测时间、各要素之间是否有规律性和相关性,进一步定位故障环节。

通过软件补收功能及时将数据补收完整。检查业务计算机上是否安装必要的正版软件,推荐采用计算机自带的串口或网卡进行通信,以提高设备可靠性。

检查光纤转换模块拨动开关 1—4 位配置是否为:ON OFF OFF OFF;检查场内场外光纤连接处是否保持良好状态;采用激光笔或专用设备测试光纤是否衰减严重。

信号电缆接头是否可靠,电阻值是否异常。

采集器正常工作时的电源输入应稳定在 13.8V 左右。

5.3.6　恢复测试

(1)待自动站启动完成后,通过业务软件查看监控界面实时数据,与备用站实时观测数据比较,确定全部要素实时观测数据正常。

(2)完成恢复测试。

5.4　全要素数据不定期缺测且无法补收

5.4.1　故障现象

通过自动站主采集器处理、传输的全部气象要素数据不定期缺测,通过人工卸载历史数据

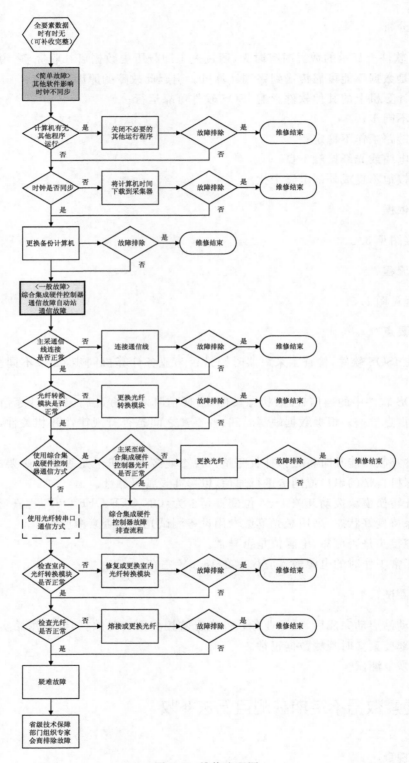

图 5.5　维修流程图

无法补收。

5.4.2　故障分析

当 ISOS 软件上显示所有数据不定期缺测,通过人工卸载历史数据无法补收,说明主采集运行不稳定,引起此故障的原因可能有:

(1)自动站供电不稳定;

(2)主采集器性能不稳定;

(3)系统接地不良或外部电磁干扰。

5.4.3　技术依据

DZZ4 型自动气象站采集系统连接图见图 5.6。

主采集器指示灯:应用程序运行正常情况下 RUN 指示每秒闪烁一次;CF 指示灯数据写入时闪烁。

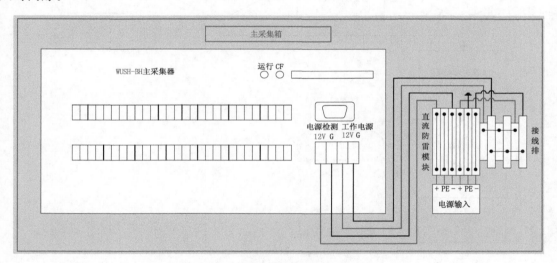

图 5.6　DZZ4 型自动气象站采集系统连接图

5.4.4　维修流程

维修流程见图 5.7。

5.4.5　检测要点

检查主采集器工作电压是否在正常范围内,尤其是数据缺测时电压值是否满足采集器最低工作电压要求。重点关注空气开关是否跳闸、交流电源是否频繁停电、交流电压是否稳定。

分析数据缺测有无规律性,缺测时软件状态、各设备工作状态有无异常。

观察主采集器面板上指示灯是否有异常,尽可能获取数据缺测时的状态。

了解数据缺测时周围环境变化,是否有电磁干扰的可能性。

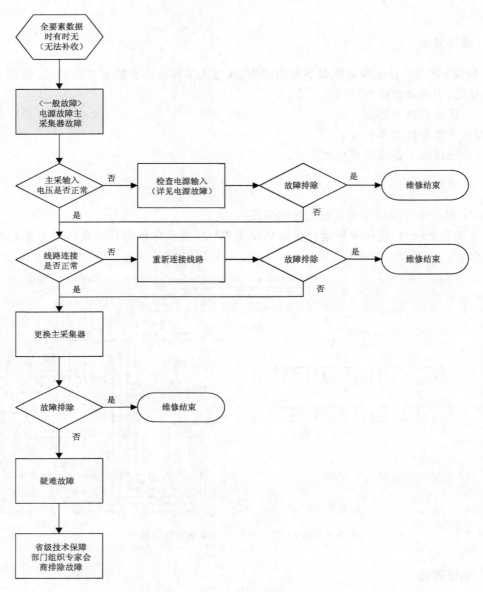

图 5.7　维修流程图

5.4.6　恢复测试

(1)待自动站启动完成后,通过业务软件查看监控界面实时数据,与备用站实时观测数据比较,确定全部要素实时观测数据正常。

(2)完成恢复测试。

5.5 温湿度与全部地温数据同时缺测或异常

5.5.1 故障现象

温湿度、全部地温数据同时缺测或异常。

5.5.2 故障分析

由于主采集器通过同一条 CAN 总线与温湿分采集器、地温分采集器通信,DC 12V 电源来自同一接点,温湿度、全部地温数据同时缺测或异常一般是公共部分故障引起,极端情况下也可能是温湿度、地温采集通道同时故障。引起此故障的原因可能有:

(1)ISOS 软件及参数配置错误;

(2)12V 供电或主采集器 CAN 通信口故障;

(3)信号防雷模块故障或 CAN 信号线连接不良;

(4)温湿度电缆短路、地温电缆短路或同时断路故障;

(5)温湿度、地温分采集器同时故障;

(6)系统接地不良或外部电磁干扰;

(7)交流供电零地电压较大。

5.5.3 技术依据

DZZ4 型自动气象站 CAN 通信系统连接图见图 5.8。

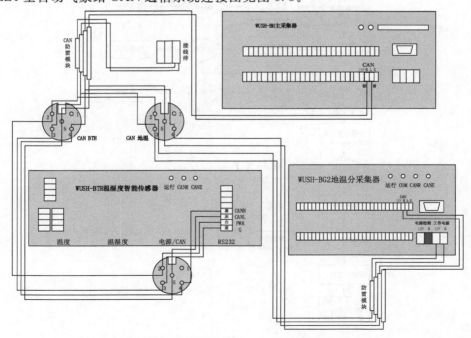

图 5.8 DZZ4 型自动气象站 CAN 通信系统连接图

　　主采集器通过同一条 CAN 总线与温湿分采集器、地温分采集器通信,DC 12V 电源来自同一接点。

　　温湿度、地温分采集器的 3 个指示灯(地温分采集器还有一个"COM"指示灯),应用程序正常运行时:"运行"指示灯为一秒一闪,通信工作灯"CANR"为常亮,通信故障灯"CANE"不亮。

5.5.4　维修流程

　　维修流程见图 5.9。

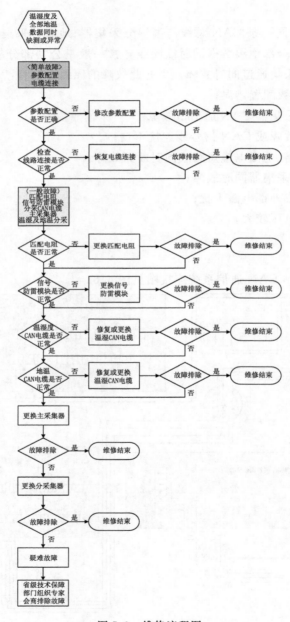

图 5.9　维修流程图

5.5.5　检测要点

检查传感器挂接是否正常、是否处于维护、停用、标定状态；传感器是否开启；传感器测量范围、质量控制参数、修正值是否正常。

检查主采集箱内 CAN 通道：主采集器 CAN 端子、信号防雷模块输入输出端以及直流电源接线排等连接是否良好，如果连接不良则修复。

检查信号防雷模块：正常情况下，直流防雷模块通道输入输出端之间导通、通道之间及通道对地断路。

检查排除温湿度电缆、地温电缆短路故障或同时断路故障。

用万用表交流挡测量交流供电零地电压，观察其绝对值和波动值范围。绝对值应小于4V，波动值应小于 0.5V。

用替换法排除主采集器故障。

以上检查都正常，则可能温湿度、地温分采集器同时故障。

5.5.6　恢复测试

（1）待自动站启动完成后，通过业务软件查看监控界面实时数据，与备用站实时观测数据比较，确定温湿度、全部地温实时观测数据正常。

（2）完成恢复测试。

5.6　温湿数据同时缺测

5.6.1　故障现象

气温、湿度数据同时缺测。

5.6.2　故障分析

气温和湿度传感器接在温湿度分采集器上，组成一个智能传感器，与主采集器采用 CAN通信。温湿数据同时缺测一般是温湿度采集系统公共部分故障引起。同时由于温湿度、地温共用主采集器 CAN 通信口和 12V 直流电源，在地温数据正常的前提下可确定 CAN 通信公共部分和 12V 直流电源无故障。引起此故障的原因可能有：

（1）ISOS 软件及参数配置错误；

（2）温湿电缆连接不良；

（3）温湿电缆故障；

（4）温湿度分采集器故障。

5.6.3　技术依据

DZZ4 型自动气象站温湿采集系统连接图见图 5.10。

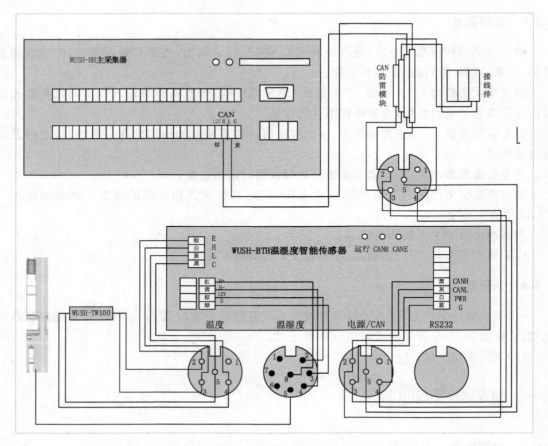

图 5.10　DZZ4 型自动气象站温湿采集系统连接图

主采集器通过同一条 CAN 总线与温湿分采集器、地温分采集器通信,DC 12V 电源来自同一接点。

温湿度分采集器有 3 个指示灯,应用程序正常运行时:"运行"指示灯为一秒一闪,通信工作灯"CANR"为常亮,通信故障灯"CANE"不亮。

5.6.4　维修流程

维修流程见图 5.11。

5.6.5　检测要点

检查传感器挂接是否正常、是否处于维护、停用、标定状态;传感器是否开启;传感器测量范围、质量控制参数、修正值是否正常。

检查温湿分采指示灯是否正常,若不正常,检查温湿电缆是否有断路或接触不良等故障,如果有则修复或更换温湿电缆;如果电缆连接正常或温湿分采指示灯也正常,则可能是温湿度分采集器故障,用替换法排除温湿度分采集器故障。

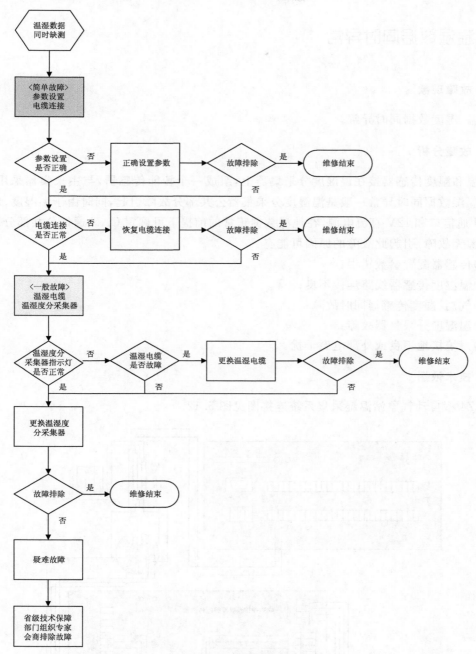

图 5.11 维修流程图

5.6.6 恢复测试

（1）待自动站启动完成后，通过业务软件查看监控界面实时数据，与备用站实时观测数据比较，确定气温、湿度实时观测数据正常。

（2）完成恢复测试。

5.7　温湿数据同时异常

5.7.1　故障现象

气温、湿度数据同时异常。

5.7.2　故障分析

气温和湿度传感器接在温湿度分采集器上,组成一个智能传感器,与主采集器采用 CAN 通信。温湿数据同时异常一般是温湿度分采集器公共部分故障引起,同时由于温湿度、地温共用 CAN 通信口和 12V 直流电源,在地温数据正常的前提下可确定 CAN 通信公共部分和 12V 直流电源无故障,引起此故障的原因可能有:

(1)传感器配置参数错误;

(2)温湿度传感器线路连接不良;

(3)气温、湿度传感器同时故障;

(4)温湿度分采集器故障;

(5)系统接地不良或外部电磁干扰。

5.7.3　技术依据

DZZ4 型自动气象站温湿采集系统连接图见图 5.12。

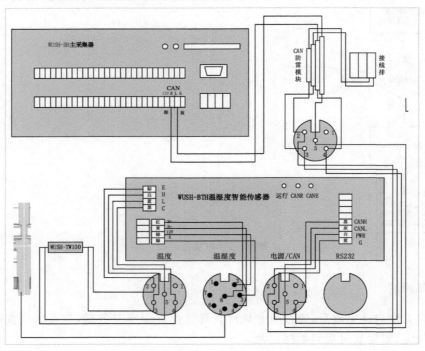

图 5.12　DZZ4 型自动气象站温湿采集系统连接图

主采集器通过同一条 CAN 总线与温湿度分采集器、地温分采集器通信,DC 12V 电源来自同一接点。

温湿度分采集器有 3 个指示灯,应用程序正常运行时:"运行"指示灯为一秒一闪,通信工作灯"CANR"为常亮,通信故障灯"CANE"不亮。

5.7.4 维修流程

维修流程见图 5.13。

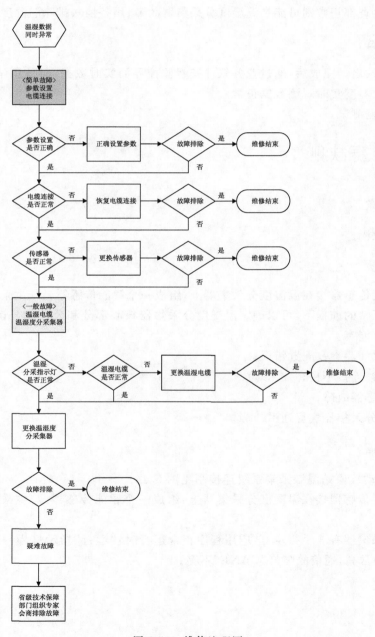

图 5.13 维修流程图

5.7.5 检测要点

检查传感器修正值是否正常。

检查温湿度分采集器指示灯是否正常,如果不正常,检查温湿电缆是否有断路或接触不良等故障;检查温湿度分采集器、电缆是否因进水受潮造成绝缘电阻变小,影响测量信号准确度,如果有则修复或更换。如果温湿分采指示灯正常,则确定电缆正常,可用替换法或测量法检查是否气温、湿度传感器同时故障。

如果以上检查都正常则可能是温湿度分采集器故障,用替换法排除温湿度分采集器故障。

5.7.6 恢复测试

(1)待自动站启动完成后,通过业务软件查看监控界面实时数据,与备用站实时观测数据比较,确定气温、湿度实时观测数据正常。

(2)完成恢复测试。

5.8 气温数据缺测

5.8.1 故障现象

气温数据缺测。

5.8.2 故障分析

气温和湿度传感器接在温湿度分采集器上,组成一个智能传感器。与主采集器采用 CAN 通信。在湿度正常的前提下,可以确定温湿度分采集器核心部分和公共部分运行正常。引起本故障的原因可能有:

(1)ISOS 软件及参数配置错误;

(2)气温电缆连接不良;

(3)气温传感器故障;

(4)温湿度分采集器气温通道故障。

5.8.3 技术依据

DZZ4 型自动气象站温湿采集系统连接图见图 5.14。

气温和湿度传感器接在温湿度分采集器上,组成一个智能传感器,与主采集器采用 CAN 通信。

温湿度分采集器有 3 个指示灯,应用程序正常运行时:"运行"指示灯为一秒一闪,通信工作灯"CANR"为常亮,通信故障灯"CANE"不亮。

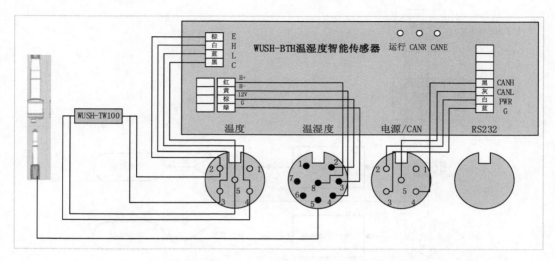

图 5.14　DZZ4 型自动气象站温湿采集系统连接图

5.8.4　维修流程

维修流程见图 5.15。

5.8.5　检测要点

检查传感器挂接是否正常、是否处于维护、停用、标定状态;传感器是否开启;传感器测量范围、质量控制参数、修正值是否正常。

在温湿度分采集器断电的情况下打开盖板,万用表电阻挡(200Ω)测量该气温传感器的电阻,根据计算公式换算出温度,并与实际气温值比较。

通过测量电阻值 R 计算地温值 T 的方法为:

$$T(℃) = \frac{R_1(异端电阻值) - R_2(同端电阻值) - 100\Omega}{0.385\Omega/℃}　　　　(5.1)$$

如果计算出的气温值与实际气温值相差很大,或者测量的电阻值为"0"或"∞",则说明故障原因为传感器或线路连接。依次检查气温电缆航空插头连接及温湿分采集器内接线,如果有连接故障,修复故障部位或者更换故障线缆;如果连接都正常,则说明气温传感器故障。

如果计算出的气温值与实际气温数值相符,说明气温传感器正常,故障由温湿度分采集器引起。由于本故障只是气温通道故障,分采集器核心部分工作正常,虽然各指示灯状态正常,也必须更换温湿度分采集器才能排除故障。

注:需注意检查气温传感器及温湿度分采集器屏蔽接地,如果屏蔽线虚接或者未接也有可能造成故障发生。

5.8.6　恢复测试

(1)待自动站启动完成后,通过业务软件查看监控界面实时数据,与备用站实时观测数据比较,确定气温实时观测数据正常。

(2)完成恢复测试。

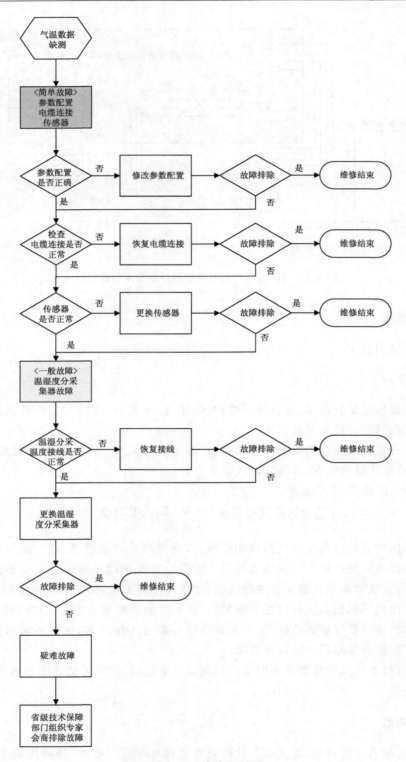

图 5.15　维修流程图

5.9 气温数据异常

5.9.1 故障现象

气温数据异常。

5.9.2 故障分析

气温和湿度传感器接在温湿度分采集器上,组成一个智能传感器,与主采集器采用 CAN 通信。在湿度正常的前提下,可以确定温湿度分采集器核心部分和公共部分运行正常。引起此故障的原因可能有:

(1)参数配置错误;

(2)气温电缆连接不良;

(3)气温传感器故障;

(4)温湿度分采集器气温通道故障;

(5)系统接地不良或外部电磁干扰。

5.9.3 技术依据

DZZ4 型自动气象站温湿采集系统连接图见图 5.16。

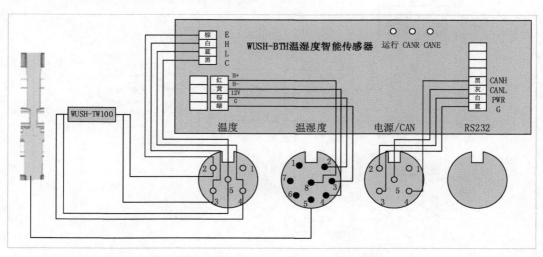

图 5.16 DZZ4 型自动气象站温湿采集系统连接图

气温和湿度传感器接在温湿度分采集器上,组成一个智能传感器,与主采集器采用 CAN 通信。

温湿度分采集器有 3 个指示灯,应用程序正常运行时:"运行"指示灯为一秒一闪,通信工作灯"CANR"为常亮,通信故障灯"CANE"不亮。

5.9.4　维修流程

维修流程见图 5.17。

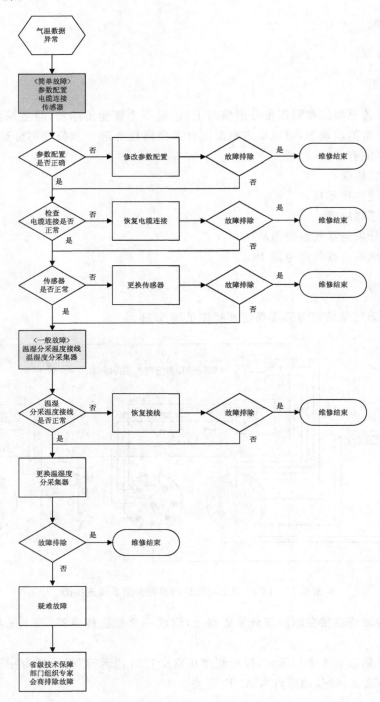

图 5.17　维修流程图

5.9.5　检测要点

检查传感器修正值是否正常。

在温湿度分采集器断电的情况下打开盖板,万用表电阻挡(200Ω)测量该气温传感器的电阻,根据计算公式换算出温度,并与实际气温值比较。

通过测量电阻值 R 计算地温值 T 的方法为:

$$T(℃) = \frac{R_1(异端电阻值) - R_2(同端电阻值) - 100Ω}{0.385Ω/℃} \tag{5.2}$$

如果计算出的气温值与实际气温值相差很大,或者测量的电阻值为"0"或"∞",则说明故障原因为传感器或线路连接。依次检查气温电缆航空插头连接及温湿分采集器内接线,如果有连接故障,修复故障部位或者更换故障线缆;如果连接都正常,则说明气温传感器故障。

如果计算出的气温值与实际气温数值相符,说明气温传感器正常,故障由温湿度分采集器引起。由于本故障只是气温通道故障,分采集器核心部分工作正常,虽然各指示灯状态正常,也必须更换温湿度分采集器才能排除故障。

注:需注意检查气温传感器及温湿分采集器屏蔽接地,如果屏蔽线虚接或者未接也有可能造成故障发生。

5.9.6　恢复测试

(1)待自动站启动完成后,通过业务软件查看监控界面实时数据,与备用站实时观测数据比较,确定气温实时观测数据正常。

(2)完成恢复测试。

5.10　湿度数据异常

5.10.1　故障现象

湿度数据异常。

5.10.2　故障分析

气温和湿度传感器接在温湿度分采集器上,组成一个智能传感器,与主采集器采用 CAN 通信。在气温正常的前提下,可以确定温湿度分采集器核心部分和公共部分运行正常。引起此故障的原因可能有:

(1)参数配置错误;

(2)电缆连接不良;

(3)湿度传感器故障;

(4)温湿度分采集器湿度通道故障;

(5)系统接地不良或外部电磁干扰。

5.10.3　技术依据

DZZ4 型自动气象站温湿采集系统连接图见图 5.18。DHC2 型湿度传感器的接线与定义见表 5.1。

气温和湿度传感器接在温湿度分采集器上，组成一个智能传感器，与主采集器采用 CAN 通信。

温湿度分采集器有 3 个指示灯，应用程序正常运行时："运行"指示灯为一秒一闪，通信工作灯"CANR"为常亮，通信故障灯"CANE"不亮。

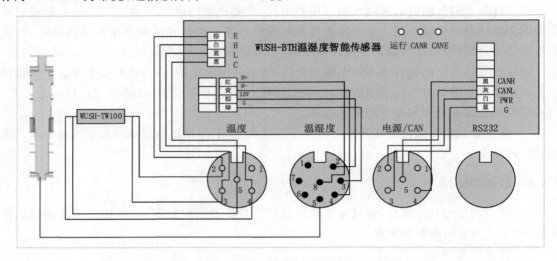

图 5.18　DZZ4 型自动气象站温湿采集系统连接图

表 5.1　DHC2 型湿度传感器的接线与定义

序号	电缆引线颜色	电缆引线功能
1	蓝色	12V 电源
2	棕色	湿度输出电压
3	红色	湿度信号地
4	紫色	湿度电源地

5.10.4　维修流程

维修流程见图 5.19。

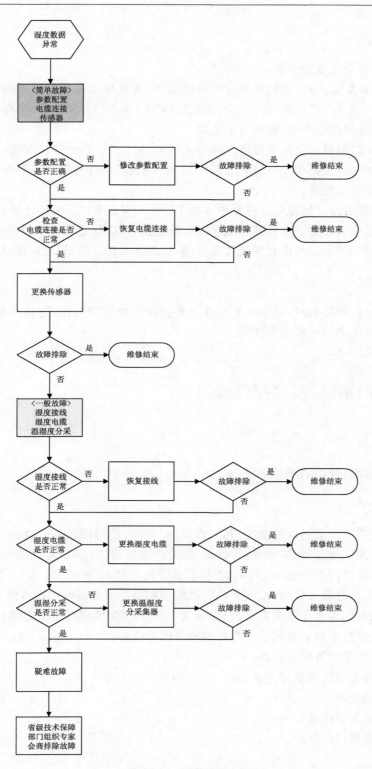

图 5.19　维修流程图

5.10.5　检测要点

检查传感器修正值是否正常。

打开温湿分采集器盖板,找到湿度传感器的端子,测量湿度传感器供电电压,"12V 电源"与"电源地"两端(棕、绿)之间的电压正常时应为 DC 11.6~13.8V,如果没有或超出此范围,则说明湿度传感器供电不正常,温湿分采故障。

如果供电正常,测量湿度传感器输出的湿度信号电压,"信号+"与"信号-"两端(红、黄)之间的电压值,正常时应在 DC 0~1V 之间对应空气湿度 0~100%。如果相符合,说明湿度传感器正常,温湿分采故障。

如果根据测量的湿度信号电压值根本不在 DC 0~1V 范围内,或者计算值与实际空气湿度相差很大,则说明故障在湿度传感器或湿度线缆连接,依次检查湿度航空插头及温湿度分采集器内的接线,修复不良连接或者更换故障线缆,如果连接都正常,则说明湿度传感器故障。

5.10.6　恢复测试

(1)待自动站启动完成后,通过业务软件查看监控界面实时数据,与备用站实时观测数据比较,确定空气湿度实时观测数据正常。

(2)完成恢复测试。

5.11　全部地温(草温)数据缺测

5.11.1　故障现象

全部地温(草温)数据缺测。

5.11.2　故障分析

地温传感器用于测量土壤的温度,其工作原理与气温传感器相同。地温分采集器用于采集草温、地表温、浅层地温、深层地温,并将采样、处理数据通过 CAN 总线提交给主采集器。

在温湿度数据正常的前提下,可判定主采集箱内公共部分:CAN 通信、DC 12V 电源正常,同时可排除匹配电阻故障(匹配电阻故障时地温和温湿度会同时出现故障);引起全部地温缺测的原因首先考虑相应参数配置是否正确,其次考虑在极端情况下全部地温传感器同时故障(信号线断)也会造成地温缺测。引起此故障原因可能有:

(1)ISOS 软件及参数配置错误;

(2)地温分采集器线路连接不良;

(3)地温电缆故障;

(4)地温分采集器故障;

(5)地温传感器同时故障。

5.11.3　技术依据

DZZ4 型自动气象站地温采集系统连接图见图 5.20,DZZ4 型自动气象站地温分采集器接线图见图 5.21。

　　主采集器通过同一条 CAN 总线与温湿分采集器、地温分采集器通信,DC 12V 电源来自同一接点。

　　地温分采集器有 4 个指示灯,应用程序正常运行时:"运行"指示灯为一秒一闪,通信工作灯"CANR"为常亮,通信故障灯"CANE"不亮,调试串口指示灯"COM"串口通信时亮。

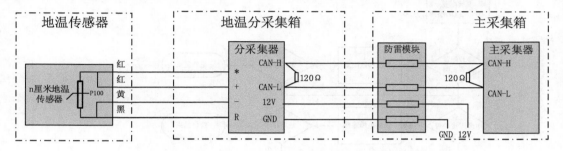

图 5.20　DZZ4 型自动气象站地温采集系统连接图

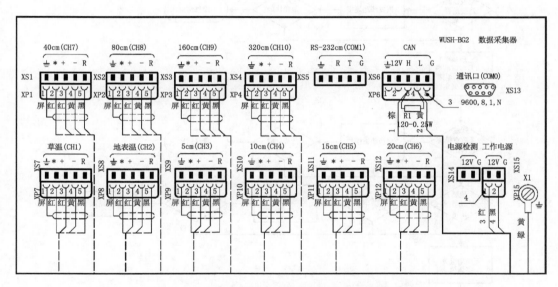

图 5.21　DZZ4 型自动气象站地温分采集器接线图

5.11.4　维修流程

　　维修流程见图 5.22。

5.11.5　检测要点

　　检查传感器挂接是否正常、是否处于维护、停用、标定状态;传感器是否开启;传感器测量范围、质量控制参数、修正值是否正常。

　　检查地温分采集器连接是否正确,接插件是否有松动现象。

　　地温分采指示灯若不正常:首先检查地温防雷模块,各通道输入、输出端应导通且对地断路,否则防雷模块故障需更换;其次检查地温电缆是否有断路或接触不良等故障,如果有则修复或更换地温电缆。

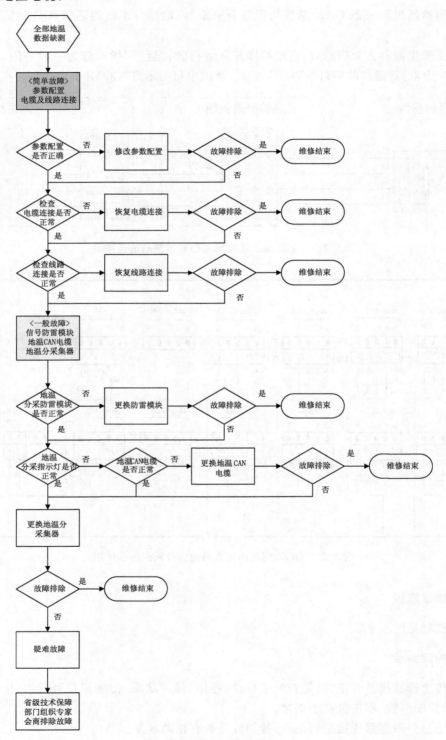

图 5.22　维修流程图

有时所有指示灯都正常,也可能是地温分采集器故障。

如果以上检查都正常,极端情况下全部地温传感器同时出现断路故障(信号线因鼠咬、施工损坏)也会造成全部地温缺测。

5.11.6　恢复测试

(1)待自动站启动完成后,通过业务软件查看监控界面实时数据,与备用站实时观测数据比较,确定全部地温(草温)实时观测数据正常。

(2)完成恢复测试。

5.12　全部地温(草温)数据异常

5.12.1　故障现象

全部地温(草温)数据异常。

5.12.2　故障分析

地温传感器用于测量土壤的温度,其工作原理与气温传感器相同。地温分采集器用于采集草温、地表温、浅层地温、深层地温,并将采样、处理数据通过 CAN 总线提交给主采集器。

在温湿度数据正常的前提下,可判定主采集箱内公共部分:CAN 通信、DC 12V 电源正常,同时可排除匹配电阻故障(匹配电阻故障时地温和温湿度会同时出现故障);引起全部地温(草温)数据异常的原因,首先考虑相应参数配置是否正确,其次考虑全部地温(草温)传感器同时故障(性能下降)的可能性几乎为零。故引起此故障的原因可能有:

(1)参数配置错误;

(2)地温采集通道线路连接不良;

(3)地温分采集器故障;

(4)系统接地不良或外部电磁干扰。

5.12.3　技术依据

DZZ4 型自动气象站地温采集系统连接图见图 5.23。

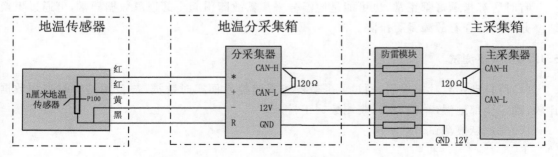

图 5.23　DZZ4 型自动气象站地温采集系统连接图

主采集器通过同一条 CAN 总线与温湿分采集器、地温分采集器通信,DC 12V 电源来自同一接点。

地温分采集器有 4 个指示灯,应用程序正常运行时:"运行"指示灯为一秒一闪,通信工作灯"CANR"为常亮,通信故障灯"CANE"不亮,调试串口指示灯"COM"串口通信时亮。

WUSH-BG2 地温分采集器的接线图见图 5.24。

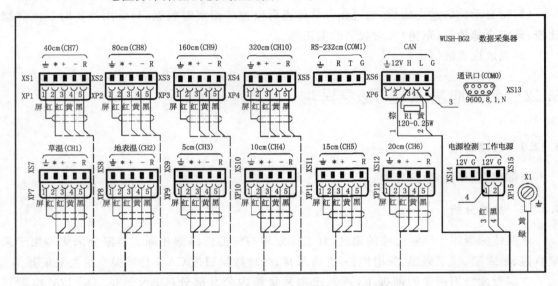

图 5.24　DZZ4 型自动气象站地温分采集器接线图

5.12.4　维修流程

维修流程见图 5.25。

5.12.5　检测要点

检查传感器修正值是否正常。

检查地温传感器连接是否正确,传感器接插件是否有松动现象,地温传感器连接不良接触电阻变大或接插件因潮湿、污染等原因造成绝缘电阻变小等原因都会影响测量准确度。

有时所有指示灯都正常,也可能是地温分采集器故障引起全部地温数据异常,可通过更换地温分采集器查看故障是否排除。

5.12.6　恢复测试

(1)待自动站启动完成后,通过业务软件查看监控界面实时数据,与备用站实时观测数据比较,确定全部地温(草温)实时观测数据正常。

(2)完成恢复测试。

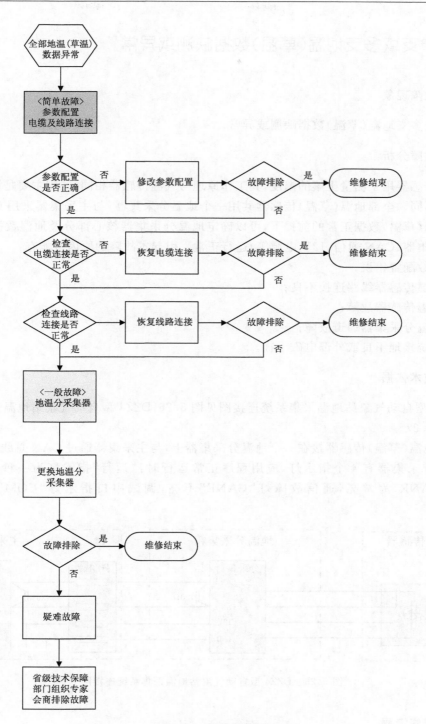

图 5.25 维修流程图

5.13 单支或多支地温(草温)数据缺测或异常

5.13.1 故障现象

单支或多支地温(草温)数据缺测或异常。

5.13.2 故障分析

地温传感器用于测量土壤的温度,其工作原理与气温传感器相同,区别主要是测量精度和测量范围不同。全部地温(草温)传感器共用一个地温分采集器,与主采集器采用 CAN 通信。在部分地温(草温)数据正常的前提下,可以确定地温分采集器核心部分及地温数据通道公共部分(主采集器、CAN 通信、12V 电源等)运行正常。引起本故障的原因可能有:

(1)参数配置错误;

(2)地温传感器线路连接不良;

(3)地温传感器故障;

(4)地温分采集器通道故障;

(5)系统接地不良或外部电磁干扰。

5.13.3 技术依据

DZZ4 型自动气象站地温采集系统连接图见图 5.26,DZZ4 型自动气象站地温分采集器接线图见图 5.27。

全部地温(草温)传感器接在一个地温分采集器上,与主采集器通过 CAN 总线通信。

地温分采集器有 4 个指示灯,应用程序正常运行时:“运行”指示灯为一秒一闪,通信工作灯“CANR”为常亮,通信故障灯“CANE”不亮,调试串口指示灯“COM”串口通信时亮。

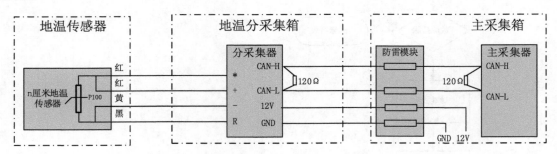

图 5.26 DZZ4 型自动气象站地温采集系统连接图

5.13.4 维修流程

维修流程见图 5.28。

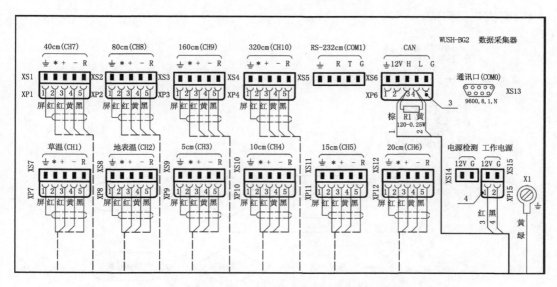

图 5.27   DZZ4 型自动气象站地温分采集器接线图

5.13.5   检测要点

检查传感器挂接是否正常、是否处于维护、停用、标定状态；传感器是否开启；传感器测量范围、质量控制参数、修正值是否正常。

检查地温传感器连接是否正确，传感器接插件是否有松动现象，地温传感器连接不良导致接触电阻变大或接插件因潮湿、污染等原因造成绝缘电阻变小等原因都会影响测量准确度；地温传感器虚接、短路或断路时都会出现故障。

在地温分采集器断电的情况下，万用表电阻挡（200Ω）测量该地温传感器的电阻，根据计算公式换算出温度，并与实际地温值比较。

通过测量电阻值 R 计算地温值 T 的方法为：

$$T(℃) = \frac{R_1(\text{异端电阻值}) - R_2(\text{同端电阻值}) - 100Ω}{0.385Ω/℃} \tag{5.3}$$

如果计算出的地温值与实际值相差很大，或者测量的电阻值为"0"或"∞"，则说明故障原因为传感器或线路连接。如果有连接故障，修复故障部位或者更换故障部件；如果连接都正常，则说明地温传感器故障。

如果计算出的地温值与实际地温数值相符，说明地温传感器正常，故障由地温分采集器引起。由于本故障只是部分地温通道故障，分采集器核心部分工作正常，虽然各指示灯状态正常，也必须更换地温分采集器才能排除故障。

注：需注意检查地温传感器及地温分采集器屏蔽接地，如果屏蔽线虚接或者未接也有可能造成故障发生。

5.13.6   恢复测试

（1）待自动站启动完成后，通过业务软件查看监控界面实时数据，与备用站实时观测数据比较，确定地温（草温）实时观测数据正常。

（2）完成恢复测试。

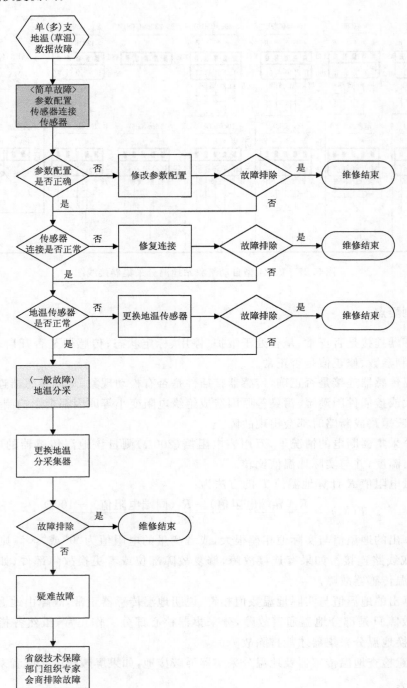

图 5.28　维修流程图

5.14 风向风速数据同时异常

5.14.1 故障现象

风向风速数据同时异常。

5.14.2 故障分析

DZZ4 型自动站风向、风速传感器标准配置为 ZQZ-TF 型测风传感器。在正常状态下,主采集器为风向传感器提供间歇式 DC 5V 供电,同时风向采集通道读取风向传感器输出 7 位格雷码(D0—D6 与 GND 间电压值,高电位为 1,低电位为 0),与标准格雷码表对照得出风向值。主采集器为风速传感器提供稳定 DC 5V 供电,同时风速采集通道对风速传感器输出的脉冲信号进行计数,并处理转换为风速值。引起该故障的原因可能有:

(1)ISOS 软件及参数配置错误;

(2)电缆连接不良;

(3)风向风速传感器同时故障;

(4)风向风速同时供电故障;

(5)风向风速防雷模块同时故障;

(6)主采集器风向风速通道同时故障;

(7)风信号电缆故障;

(8)风横臂内部风向风速电缆同时故障。

5.14.3 技术依据

DZZ4 型自动气象站风向风速采集系统连接图见图 5.29。

主采集器为风向传感器提供间歇式 DC 5V 供电,主采集器为风速传感器提供稳定 DC 5V 供电。

风向信号:D0—D6 分别对应 7 位格雷码,当换成恒定 DC 5V 供电时,传感器每根信号线输出接近 0V 的低电平或 DC 4.9V 左右的高电平。

风速信号:风速的信号输出为频率信号,正常情况下风杯静止时输出信号电压为接近 0V 或 DC 4.3V 左右,风杯转动时为 AC/DC 2.3V 左右。公式为

$$V = 0.1F \tag{5.4}$$

式中,V 为风速,单位:米/秒(m/s);F 为脉冲频率,单位:赫兹(Hz)。

5.14.4 维修流程

维修流程见图 5.30。

5.14.5 检测要点

检查传感器挂接是否正常、是否处于维护、停用、标定状态;传感器是否开启;传感器测量范围、质量控制参数、修正值、配置参数是否正常。

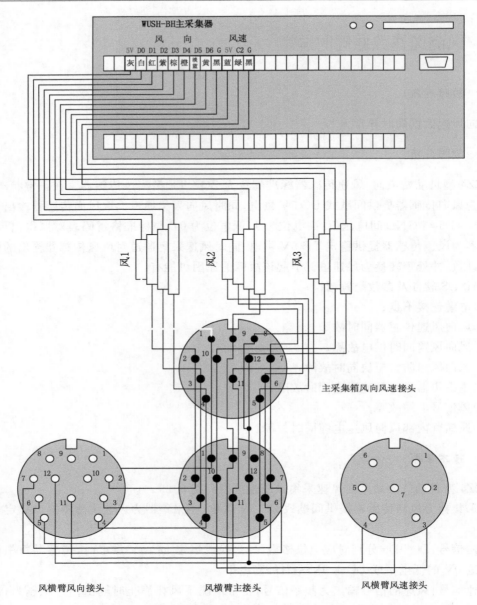

图 5.29　DZZ4 型自动气象站风向风速采集系统连接图

　　检查风向风速传感器、风电缆航空插头连接是否正常,检查主采集器输入端口、信号防雷模块输入输出端压线连接是否正常。

　　检查风向、风速传感器的供电电压是否正常。拔下风向、风速端子,接通主采集器电源,使用万用表直流电压挡测量主采集器风向传感器供电电压,如果万用表始终显示 0V,则主采集器风向电源输出故障,如果风速电源正常可用风速电源替代;用万用表测量主采集器风速传感器 DC5V 供电是否正常,若正常则说明供电无故障,若不正常则主采集器故障需更换。

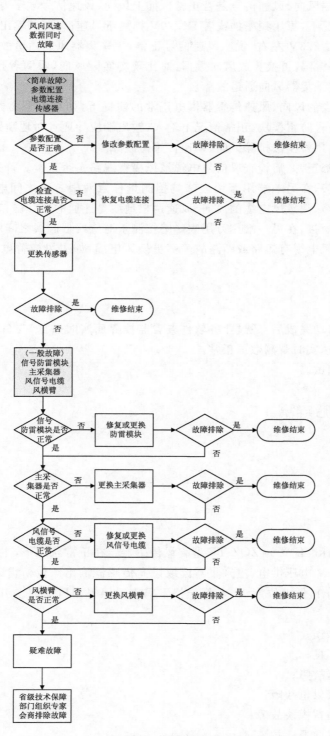

图 5.30 维修流程图

　　检查主采集器端风向、风速信号是否正常。插上风向、风速信号端子,接通主采集器电源,首先在风杯转动情况下,可用频率挡或者 DC 20V 挡测量风速信号,若输出频率与风速变化对应或输出电压在 DC 2.3V 左右,说明风速信号正常,主采集器风速通道故障;通过测量 D0—D6 电平高低得出格雷码,再换算成风向数据,对比现场实际风向,看两者是否一致,若一致说明风向信号正常,主采集器风向通道故障。

　　在主采集器提供的风向、风速传感器供电正常的前提下,如果主采集器端风向、风速信号不正常,首先检查信号防雷模块,正常情况下输入、输出端应导通且对地断路,否则信号防雷模块故障需更换;其次用替换法排除风向、风速传感器故障。

　　如果以上检查都正常,需检查风信号电缆及风横臂线路是否正常。首先排查短路故障,电缆一端空载(不连接),在另一端用万用表蜂鸣挡测量任意两根芯线之间电阻应为"∞"(不蜂鸣),否则有短路故障,注意风电缆的风向、风速两根地线是连通的(蜂鸣);其次排查断路故障,电缆一端芯线两两短接,在另一端用万用表蜂鸣挡测量对应两根芯线之间应连通(蜂鸣),否则有断路故障。如果风电缆有短路或断路故障需更换风电缆,如果风横臂电缆有短路或断路故障需更换风横臂。

5.14.6　恢复测试

　　(1)待自动站启动完成后,通过业务软件查看监控界面实时数据,与备用站实时观测数据比较,确定风向、风速实时观测数据正常。

　　(2)完成恢复测试。

5.15　风向数据异常

5.15.1　故障现象

　　风向数据异常。

5.15.2　故障分析

　　风向传感器的标准配置为 ZQZ-TF 型测风传感器。在正常状态下,主采集器为风向传感器提供间歇式 DC 5V 电压供电,主采集器读取风向传感器输出 7 位格雷码(D0—D6 与 GND间电压值,高电位为 1,低电位为 0),与标准格雷码表对照得出风向值。引起该故障的原因可能有:

　　(1)参数配置错误;

　　(2)电缆连接不良;

　　(3)风向传感器故障;

　　(4)风向传感器供电故障;

　　(5)风向信号防雷模块故障;

　　(6)主采集器风向通道故障;

　　(7)风信号电缆故障;

　　(8)风横臂风向电缆故障。

5.15.3　技术依据

　　DZZ4 型自动气象站风向测量信号流向图见图 5.31,DZZ4 型自动气象站采集器上风传感器接线图见图 5.32。

　　主采集器为风向传感器提供间歇式 DC 5V 供电。当供电电压为恒定 DC 5V 时,D0—D6 每根信号输出 0V 的低电平或 DC 4.9V 左右的高电平,形成格雷码信号输出给主采集器。

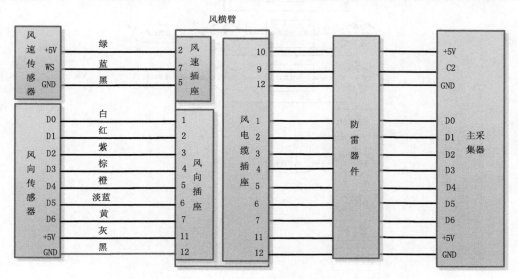

图 5.31　DZZ4 型自动气象站风向测量信号流向图

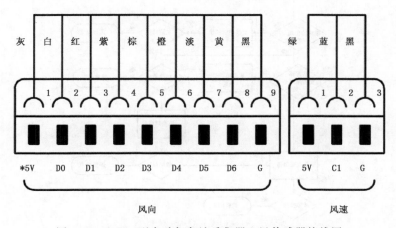

图 5.32　DZZ4 型自动气象站采集器上风传感器接线图

5.15.4　维修流程

　　维修流程见图 5.33。

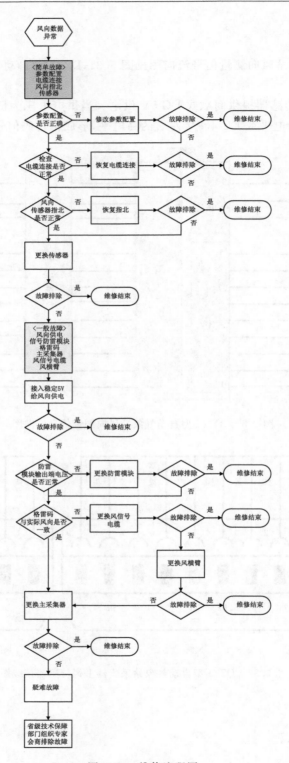

图 5.33　维修流程图

5.15.5　检测要点

检查风向传感器修正值是否正常。

检查风向传感器、风电缆航空插头连接是否正常,检查主采集器输入端口、信号防雷模块输入输出端压线连接是否正常。

检查风向传感器是否指北。在长时间使用后,可能会出现因固定不牢造成的风横臂偏转或者风向传感器指北偏离现象。

检查风向传感器的供电电压是否正常。用风速传感器接口的 DC 5V 电压给风向传感器供电,查看风向数据是否正常,若数据正常说明主采集器提供的风向传感器间歇式 DC 5V 供电不正常,此时可更换主采集器或以风速端口稳定 DC 5V 电源代替。

在主采集器端风向传感器供电正常的前提下,测量主采集器箱内的风传感器防雷模块,输出风向电压是否为 DC 5V,若输出电压不正常,则防雷模块故障需更换;也可采用脱开防雷模块采用直连的方式做测试,若避开防雷模块短接后风向传感器数据恢复正常,说明该防雷模块已受冲击失效,则更换风传感器防雷模块。

利用风向格雷码信号判定故障点:用万用表直流电压 20V 挡,测量 D0—D6 各信号端口电平高低得出格雷码,再换算成风向数据,对比现场实际风向,看两者是否一致。若一致则说明主采集器风向通道故障,需更换主采集器。若不一致则首先用替代法排除风向传感器故障,然后依次检查排除信号防雷模块、风信号电缆及风横臂风向电缆故障。

信号防雷模块,正常情况下应输入、输出端导通且对地断路,否则信号防雷模块故障需更换。

检查风信号电缆及风横臂风向电缆是否正常:首先排查短路故障,电缆一端空载(不连接),在另一端用万用表蜂鸣挡测量任意两根芯线之间电阻应为"∞"(不蜂鸣),否则有短路故障;其次排查断路故障,电缆一端芯线两两短接,在另一端用万用表蜂鸣挡测量对应两根芯线之间应连通(蜂鸣),否则有断路故障。如果风电缆有短路或断路故障需更换风电缆,如果风横臂风向电缆有短路或断路故障需更换风横臂。

5.15.6　恢复测试

(1)待自动站启动完成后,通过业务软件查看监控界面实时数据,与备用站实时观测数据比较,确定风向实时观测数据正常。

(2)完成恢复测试。

5.16　风速数据异常

5.16.1　故障现象

风速数据异常。

5.16.2　故障分析

风速传感器的标准配置为 ZQZ-TF 型测风传感器。在正常状态下,主采集器为风速传感

器提供稳定 DC 5V 供电,采集通道对风速传感器输出的脉冲信号进行计数,并处理转换为风速值。引起该故障的原因可能有:

(1)参数配置错误;

(2)电缆连接不良;

(3)风速传感器故障;

(4)风速传感器供电故障;

(5)风速防雷模块故障;

(6)主采集器风速通道故障;

(7)风信号电缆故障;

(8)风横臂风速电缆故障等。

5.16.3 技术依据

DZZ4 型自动气象站风速测量信号流向图见图 5.34,DZZ4 型自动气象站采集上风传感器接线图见图 5.35。

主采集器为风速传感器提供恒定 DC5V 供电,正常情况下:风杯不动时风速信号电压为 0V 或 DC 4.9V 左右;风杯转动时风速信号电压为 AC/DC 2.3V 左右。

风速信号计算方法为

$$V=0.1F \tag{5.5}$$

式中,V 为风速,单位:米/秒(m/s);F 为脉冲频率,单位:赫兹(Hz)。

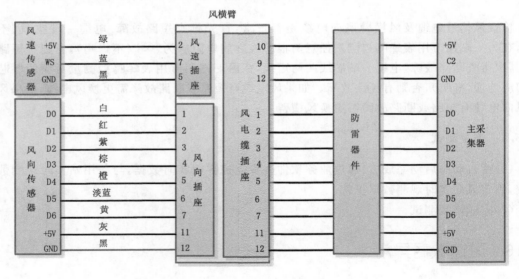

图 5.34　DZZ4 型自动气象站风速测量信号流向图

5.16.4 维修流程

维修流程见图 5.36。

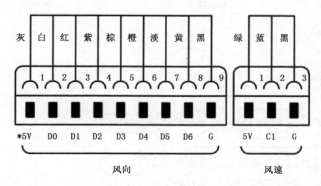

图 5.35　DZZ4 型自动气象站采集上风传感器接线图

5.16.5　检测要点

检查风速传感器修正值、配置参数是否正常。

检查风速传感器、风电缆航空插头连接是否正常,检查主采集器输入端口、信号防雷模块输入输出端压线连接是否正常。

检查风速传感器的供电电压是否正常。用万用表测量主采集器提供的风速传感器 DC 5V 供电是否正常,若正常则说明供电无故障,若不正常取下风速传感器,使主采集器空载运行,再测量 DC 5V 电压输出是否正常,若 DC 5V 输出还不正常则说明主采集器风速电源输出故障,需更换主采集器。

在风速传感器 DC 5V 供电正常的情况下,测量主采集器箱内的风传感器防雷模块,输出端风速供电电压是否为 DC 5V,若输出电压不正常,则防雷模块故障需更换;也可采用脱开防雷模块采用直连的方式做测试,若避开防雷模块短接后风速传感器数据恢复正常,说明该防雷模块已受冲击失效,则更换风传感器防雷模块。

在风速传感器 DC 5V 供电正常的情况下,测量主采集器输入端风速信号是否正常。可用频率挡或者直流 20V 挡测量风速信号,若输出频率与风速变化对应或输出电压在 DC 2.3V 左右,则说明风速信号正常,则主采集器故障;若风速信号不正常,则首先用替代法排除风速传感器故障,然后依次检查排除信号防雷模块、风信号电缆及风横臂风速电缆故障。

信号防雷模块,正常情况下应输入、输出端导通且对地断路,否则信号防雷模块故障需更换。

检查风信号电缆及风横臂风速电缆是否正常:首先排查短路故障,电缆一端空载(不连接),在另一端用万用表蜂鸣挡测量任意两根芯线之间电阻应为"∞"(不蜂鸣),否则有短路故障;其次排查断路故障,电缆一端芯线两两短接,在另一端用万用表蜂鸣挡测量对应两根芯线之间应连通(蜂鸣),否则有断路故障。如果风电缆有短路或断路故障需更换风电缆,如果风横臂风速电缆有短路或断路故障需更换风横臂。

5.16.6　恢复测试

(1)待自动站启动完成后,通过业务软件查看监控界面实时数据,与备用站实时观测数据比较,确定风速实时观测数据正常。

(2)完成恢复测试。

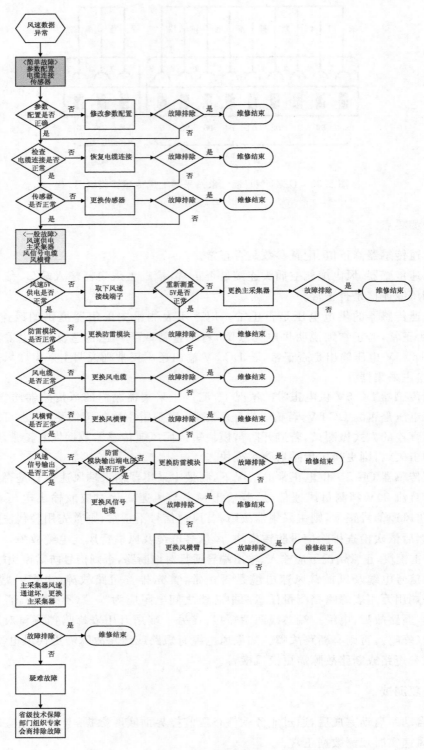

图 5.36　维修流程图

5.17 气压数据缺测

5.17.1 故障现象

气压数据缺测。

5.17.2 故障分析

气压传感器是智能传感器,具备数据采集处理及通信功能,主采集器通过 RS232 串口通信直接获取气压观测数据。引起此故障原因可能有:

(1)ISOS 软件及参数配置错误;

(2)电缆连接不良;

(3)气压传感器供电故障;

(4)气压传感器故障;

(5)主采集器通道故障。

5.17.3 技术依据

DZZ4 型自动气象站气压测量信号流向图见图 5.37,DYC1 型气压计的接线及定义见表 5.2。

DYC1 型气压传感器有一个电源指示灯,供电正常时绿色常亮。

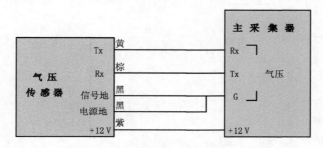

图 5.37 DZZ4 型自动气象站气压测量信号流向图

表 5.2 DYC1 型气压计的接线及定义

序号	传感器端插针定义	电缆颜色	引线标示
1	9	紫	+12V
2	7	黑	GND
3	2	黄	TX
4	3	棕	RX
5	5	黑	GND

5.17.4 维修流程

维修流程见图 5.38。

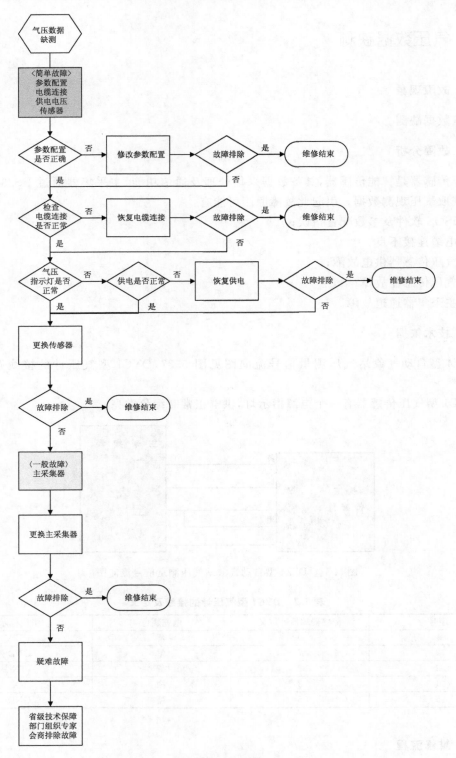

图 5.38　维修流程图

5.17.5 检测要点

检查传感器挂接是否正常、是否处于维护、停用、标定状态;传感器是否开启;传感器测量范围、质量控制参数、修正值是否正常。

检查气压传感器端 9 针插头、主采集器端接线端子连接是否良好。

检查测量气压传感器电缆,按照气压传感器电缆的接线定义,测量电缆是否正常,若存在短路、断路现象,说明电缆损坏需更换电缆。

观察气压传感器电源指示灯,正常情况下绿色常亮,若不亮或者闪烁,说明传感器供电不正常。检查气压传感器供电电压,将万用表调到直流电压 20V 的测量挡,在主采集器气压端子上,测量"紫、黑"两端的电压应在 DC 10～14.5V 之间,若低于 DC 10V,则说明供电存在问题,如果电压正常(传感器电缆正常)则气压传感器故障。

注:供电问题有两方面原因,一是电源系统故障,在供电电压低于 DC 10V 时,有可能会出现主采集器运行正常气压缺测的现象;二是气压传感器工作电压由主采集器内部供电,故供电电压不正常也有可能是主采集器故障造成,此时可将气压传感器电源线直接接入主采集箱直流接线排供电。

上述操作后若故障未排除,则可能是主采集器气压通道故障。

5.17.6 恢复测试

(1)待自动站启动完成后,通过业务软件查看监控界面实时数据,与备用站实时观测数据比较,确定气压实时观测数据正常。

(2)完成恢复测试。

5.18 气压数据异常

5.18.1 故障现象

气压数据异常。

5.18.2 故障分析

气压传感器是智能传感器,具备数据采集处理及通信功能,主采集器通过 RS232 串口通信直接获取气压观测数据。引起此故障原因可能有:

(1)参数配置错误;

(2)气压传感器供电故障;

(3)气压传感器故障;

(4)系统接地不良或外部电磁干扰。

5.18.3 技术依据

DZZ4 型自动气象站气压测量信号流向图见图 5.39。

DYC1 型气压传感器有一个电源指示灯,供电正常时绿色常亮。

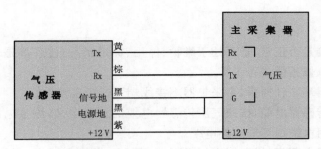

图 5.39　DZZ4 型自动气象站气压测量信号流向图

5.18.4　维修流程

维修流程见图 5.40。

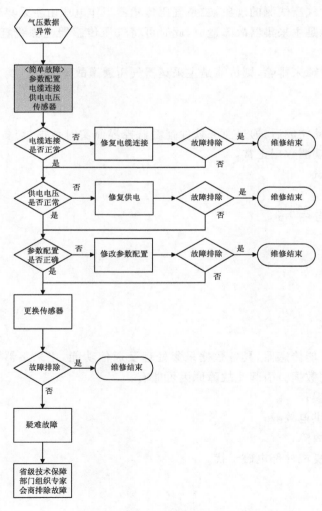

图 5.40　维修流程图

5.18.5　检测要点

检查气压传感器修正值是否正常。

观察气压传感器电源指示灯,正常情况下绿色常亮,若不亮或者闪烁,说明传感器供电不正常。检查气压传感器供电电压,将万用表调到直流电压 20V 的测量挡,在主采集器气压端子上,测量"紫、黑"两端的电压应在 DC 10～4.5V 之间,若低于 DC 10V,则说明供电存在问题,如果电压正常则气压传感器故障。

注:供电问题有两方面原因,一是电源系统故障,在供电电压低于 DC 10V 时,有可能会出现主采集器运行正常气压异常的现象;二是气压传感器工作电压由主采集器内部供电,故供电电压不正常也有可能是主采集器故障造成,此时可将气压传感器电源线直接接入主采集箱直流电源接线排供电。

气压传感器电源指示灯正常,电脑直连气压传感器读取数据,验证气压传感器输出气压测量值是否正常。按图 5.41 连接气压传感器、DC 12V 电源、计算机串口。

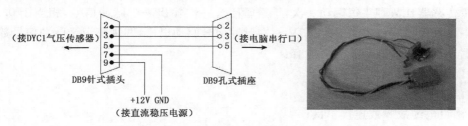

图 5.41　DZZ4 型自动气象站电脑直连气压传感器接线图

然后打开串口调试软件,按照图 5.42 的配置好串口参数,发送获取气压采样值的命令"5",就可以在数据接收窗口获取到气压采样值。

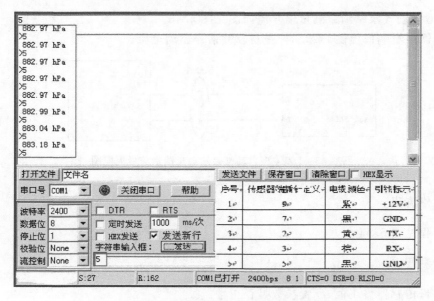

图 5.42　DZZ4 型自动气象站电脑直连气压传感器调试图

5.18.6　恢复测试

（1）待自动站启动完成后，通过业务软件查看监控界面实时数据，与备用站实时观测数据比较，确定气压实时观测数据正常。

（2）完成恢复测试。

5.19　翻斗雨量数据异常

5.19.1　故障现象

翻斗雨量数据异常。

5.19.2　故障分析

雨量传感器计数翻斗每翻动一次，干簧管闭合一次输出一个脉冲信号，相当于 0.1mm 降水量。采集器雨量端口提供 DC 3.3V 左右脉冲信号驱动电压，并采集记录脉冲信号数量生成雨量数据。引起此故障的原因可能有：

（1）配置参数错误；

（2）雨量传感器故障；

（3）雨量电缆故障或连接不良；

（4）主采集器通道故障；

（5）外部电磁干扰。

5.19.3　技术依据

DZZ4 型自动气象站雨量测量信号流向图见图 5.43。

主采集器雨量端口提供 DC3.3V 左右脉冲信号驱动电压。

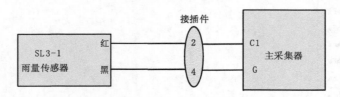

图 5.43　DZZ4 型自动气象站雨量测量信号流向图

5.19.4　维修流程

维修流程见图 5.44。

5.19.5　检测要点

检查雨量传感器修正值、配置参数是否正常。

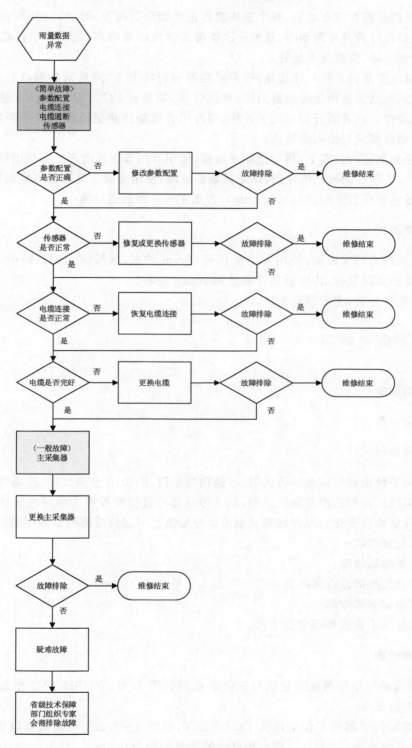

图 5.44 维修流程图

检查雨量传感器有没有堵塞,各个翻斗能否正常翻动。用万用表蜂鸣挡测试雨量传感器是否正常,如果在计数翻斗翻动时,每翻一次能够正常发出蜂鸣声,说明雨量传感器干簧管正常,否则干簧管故障,需更换干簧管。

检查雨量电缆是否正常且连接良好:主采集器运行状态下,雨量采集端口有 DC 3.3V 左右的驱动电压,在线测量雨量传感器的红、黑接线柱,如果有 DC 3.3V 的电压,说明该线缆正常,否则线缆故障。或者断开雨量端子连接,用万用表通断挡测量雨量电缆是否有短路、断路故障,如果有则修复或更换雨量电缆。

检查主采集器运行状态下:将雨量端子拔掉,使用万用表直流电压挡测量雨量端口两针之间应有 DC 3.3V 左右的驱动电压,否则主采集器故障;使用金属工具短接雨量端口两针 n 次,采集软件应显示相应的降雨量($n \times 0.1mm$),否则主采集器通道故障。

5.19.6 恢复测试

(1)待自动站启动完成后,使用人工量杯量 10mm 的水,缓慢倒入雨量筒中,通过业务软件查看监控界面实时数据,传感器是否测量为 10mm 左右。

(2)雨量数据正常,完成恢复测试。

5.20 蒸发数据异常

5.20.1 故障现象

蒸发数据异常。

5.20.2 故障分析

蒸发观测系统由超声波蒸发传感器、不锈钢测量筒、E-601B 型蒸发桶、连通管、水圈、百叶箱等配套件组成。根据超声波测距原理,蒸发传感器通过检测量筒内超声波脉冲发射和返回的时间差来计算水位变化情况并转换成电流信号输出。引起该故障的原因可能有:

(1)参数配置错误;

(2)蒸发传感器故障;

(3)蒸发电缆故障或连接不良;

(4)主采集器通道故障;

(5)系统接地不良或外部电磁干扰。

5.20.3 技术依据

DZZ4 型自动气象站蒸发测量信号流向示意图见图 5.45,WUSH-TV2 型蒸发传感器的接线及定义见表 5.3。

超声波蒸发传感器的工作电压为 DC 9~15V,输出 4~20mA 电流信号对应 100~0mm 蒸发水位,主采集器通过 125Ω 标准电阻将电流信号转换为 0.5~2.5V 电压信号。

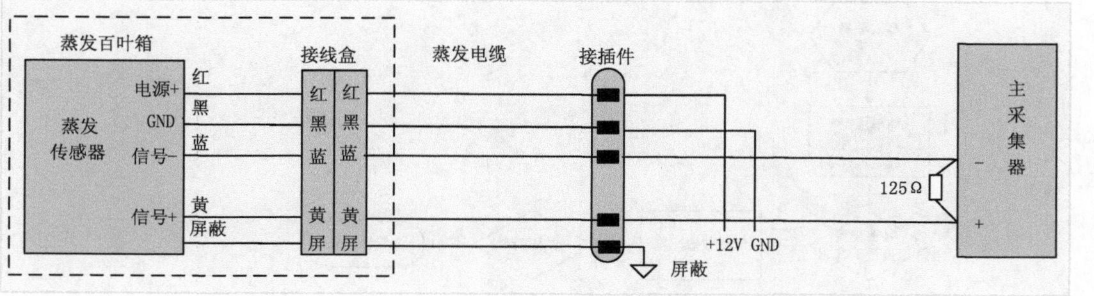

图 5.45　DZZ4 型自动气象站蒸发测量信号流向示意图

表 5.3　WUSH-TV2 型蒸发传感器的接线及定义表

序号	电缆引线颜色	电缆引线功能
1	红色	12V 电源
2	黑色	蒸发电源地
3	蓝色	蒸发信号地
4	黄色	蒸发信号＋

5.20.4　维修流程

维修流程见图 5.46。

5.20.5　检测要点

检查蒸发传感器修正值是否正常。

在业务软件上检查蒸发水位的数据，如果蒸发水位长时间不变，首先确认蒸发传感器的水位是否在规定的量程范围内，超出量程就要及时加水或者减水。然后检查蒸发桶到测量筒的连通管是否有气泡、异物等，如果有则可以从测量筒处加水冲出杂物；蒸发系统特别是连接处是否有漏水、渗水现象，如果有则进行相关维护、维修。

在蒸发百叶箱内，打开接线盒，检查蒸发传感器接线排线路连接是否正常。检查接线排到主采集器信号电缆是否正常。

检查蒸发传感器供电电压：将万用表调到直流电压 20V 的测量挡，在接插件上，测量“红、黑”两端的电压，正常情况下应在 DC 10～14.5V 之间，否则说明供电存在问题。依次检查蒸发电缆是否正常、连接是否良好，主采机箱内直流电源接线排处蒸发电源线连接是否良好，排除电源故障。

在蒸发传感器供电正常的情况下，检查蒸发传感器的输出信号。将万用表调至 200mA 电流测量挡，将红、黑表笔串联在接插件“黄、黄”两端，测量信号电缆上的电流，正常应为 4～20mA 且与实际水位对应，否则说明蒸发传感器故障，更换蒸发传感器。

在蒸发传感器的输出电流信号正常的情况下，首先检查确认蒸发电缆正常且连接可靠。然后测量主采集器蒸发通道上标准电阻两端信号电压，正常情况下应在 DC 0.5～2.5V 范围内，如果信号电压不正常则检查测量 125Ω 标准电阻，标准电阻不正常则更换，标准电阻正常

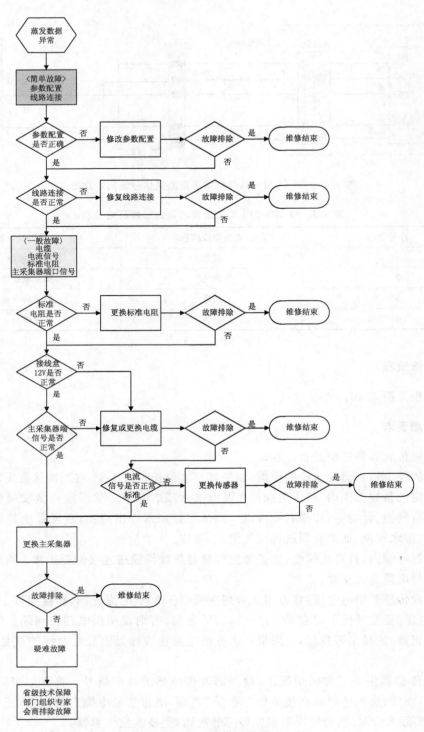

图 5.46　维修流程图

则主采集器故障。如果标准电阻两端信号电压正常,也说明主采集器通道故障,需更换主采集器。

5.20.6　恢复测试

（1）待自动站启动完成后,人工加水或者减水,在业务软件中检查蒸发水位的情况,数据是否与实际一致。

（2）蒸发数据正常,完成恢复测试。

5.21　单要素数据缺测

5.21.1　故障现象

湿度、翻斗雨量、风向、风速、蒸发单要素数据缺测。

5.21.2　故障分析

在自动气象站中,湿度、翻斗雨量、风向、风速、蒸发等传感器硬件故障造成的数据异常,不会在业务软件中显示为缺测,数据缺测一般由软件设置等方面的原因导致。

5.21.3　维修流程

维修流程见图 5.47。

5.21.4　检测要点

查看 ISOS 软件中相关传感器是否正确挂接,如未挂接应挂接。

查看 ISOS 软件中相关传感器是否处于维护、停用、标定等状态,如处于该状态,应结束相关的维护、停用、标定状态。

通过维护终端或串口助手软件发送 SENST ×××（×××为传感器标识符）命令查看相关传感器是否处于开启状态,如返回值为 0,应发送 SENST ×××1（×××为传感器标识符）使相关传感器处于开启状态。

通过维护终端或串口助手软件发送 QCPS ×××（×××为传感器标识符）命令查看相关传感器测量范围是否正确设置,如设置不正确,应进行正确的设置。

通过维护终端或串口助手软件发送 QCPM ×××（×××为传感器标识符）命令查看相关传感器质量控制参数是否正确设置,如设置不正确,应进行正确设置。

通过维护终端或串口助手软件发送 SCV ×××（×××为传感器标识符）命令查看相关传感器修正值是否正确设置,如设置不正确,应进行正确设置。

翻斗雨量、风速出现缺测时,通过维护终端或串口助手软件发送 SENCO ×××（×××为翻斗雨量或风速传感器标识符）命令查看相关传感器配置参数是否正确设置,如设置不正确,应进行正确设置。

蒸发出现缺测时,通过维护终端或串口助手软件发送 DEVMODE LE 命令查看蒸发传感器配置参数是否正确设置,如设置不正确,应进行正确设置。

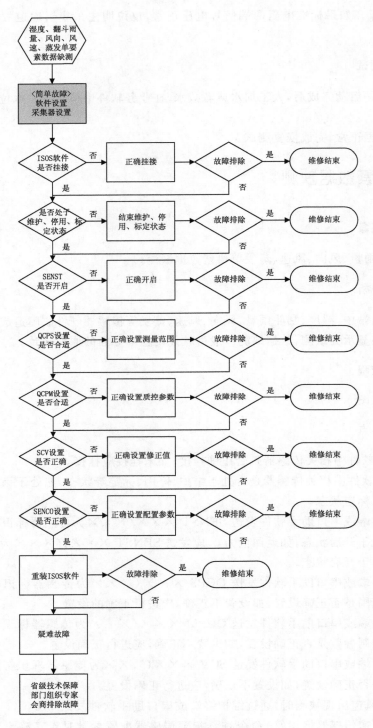

图 5.47　维修流程图

5.21.5 恢复测试

(1)待自动站启动完成后,通过业务软件查看监控界面实时数据,与备用站实时观测数据比较,确定相关要素实时观测数据正常。

(2)完成恢复测试。

5.22 疑难故障案例

疑难故障是指在维修过程中,按照常规的维修思路无法判断确定故障部位,通过更换相关或可疑部件无法排的故障。单要素、多要素和全要素故障从维修难度上都可能遇到疑难故障,它们都有共同的特点:引起故障的原因不明,软件及配置参数未见异常,线路连接没有明显异常,硬件设备电气指标基本正确,怀疑的部件全部更换后故障依旧,引起疑难故障的原因可能有:

(1)主观原因:本来是简单或一般故障,但在故障排除过程中因操作不当损坏了已经检查确认正常的部位或部件,扰乱其后的分析思路。

确定故障部件后,因未意识到更换的备件本身不正常造成误判。

(2)客观原因:隐蔽部位的接触不良,特别是不经常发生地接触不良;系统接地不良;电磁干扰包括,外部空间电磁干扰,通过交流供电线路进来的电磁干扰。

5.22.1 自动站分钟数据不定期缺测

(1)故障现象:某台站通过综合硬件控制器挂接自动站,不定期出现自动站分钟数据缺测。

(2)分析及解决办法:

采用串口通信方式对缺测自动站和降水现象数据进行补调,能够补收数据,检查缺测时段数据的完整和正确性,排除自动站采集问题,确认问题主要出现在通信上。

从观测场交换机接口 Ping 串口服务器 IP 地址,确认串口服务器正常。使用备份计算机从室内光纤通信盒端 Ping 串口服务器 IP 地址,确认光纤通信盒到综合硬件控制器通信正常。

使用业务计算机通过串口通信连接光纤通信盒,通信测试正常,确认 ISOS 软件设置正常。使用业务计算机通过网卡连接光纤通信盒,Ping 串口服务器无法通信,确定问题出在网络通信,考虑到业务计算机除了使用网口与串口服务器对接,还同时接入内网进行编发报传输,怀疑双网卡冲突问题。

对计算机双网卡同时通信进行测试,发现由于不同类型的网卡有兼容性问题,导致通信相互影响。重新卸载和安装网卡和驱动,对自动站和降水现象进行测试,长时间运行观测,故障不再复现,确认故障解决。

(3)小结:该故障属于偶发故障,且无法确认有哪些不同型号的网卡之间存在相互兼容性问题。

5.22.2 平均风速偏小

(1)故障现象:某台站反映 2014 年安装 DZZ4 型新型站之后,经过一年的对比,发现 DZZ4 型新型站的年平均风速 2.6m/s,较之前几年偏小 0.5m/s。

（2）分析及解决办法：

通过分析该台站 2014 年主站和备份台站的全年数据，确认主站的风速数据与备份站相比明显偏小。

对主站的风传感器和备份站风传感器进行对比测试，确定传感器正常。通过对主站采集器输出风速数据测试，发现风速数据偏小。检查主站采集器风传感器系数设置，发现主站风传感器系数设置不正确。分析 ISOS 软件操作日志，发现 2013 年 12 月 30 日将 SMO 软件中风传感器参数误改为 DZZ5 型自动站风传感器系数。

通过重新设置采集器风传感器系数，重新对输出风速数据进行测试，确认故障排除。

（3）小结：该问题由于操作人员对 SMO 软件不熟悉，误把 DZZ5 型风传感器系数设置到 DZZ4 型自动站采集器中，导致计算出的风速偏小。

5.22.3　能见度数据不定时缺测

（1）故障现象：某台站反映能见度数据经常出现不定时缺测，后又能自动恢复正常。

（2）分析及解决办法：

分别通过连接 232 通信口和 485 通信口对能见度传感器进行长时间测试，确认能见度传感器正常。测试能见度和采集器端防雷模块正常。检测能见度机箱到自动站的 485 通信电缆正常。

检查能见度传感器接线时，发现闲置的能见度传感器 232 通信线缆"绿，黄，灰"线缆没有隔离开，很容易触碰在一起。对能见度 232 通信进行测试，当 232 通信的"绿、黄、灰"线缆触碰在一起时，通信口短路，导致 485 信号输出异常，能见度数据缺测。

（3）小结：DNQ1 型能见度传感器 485 和 232 通信为同一通信口输出，232 通信线短路会导致 485 通信无法输出。该站对能见度闲置的通信电缆没有包扎好，232 通信电缆的"绿、黄、灰"经常会触碰在一起，影响 485 通信，导致能见度数据缺测。

5.22.4　地温定时发生跳变

（1）故障现象：某自动站每天都有几个小时所有地温数值会与实际情况偏差很多，到一个固定时间点后就恢复正常。

（2）分析及解决办法：

发现此问题后，台站人员自行更换过地温分采，主采等相关设备，但是故障依然存在。因此分析此故障产生的原因并不是设备本身造成，应该是由干扰所致。后了解到该观测场不远处就是当地电视台发射塔，每天固定时间开机关机。而且开机关机时间与地温数据错误的时间吻合，每次只要一开机，地温数据就错误，只要到晚上一关机，地温数据马上就正常。因此，分析地温数据错误就是由于电视发射塔干扰所致。

排除干扰影响的具体办法就是屏蔽及接地，只有地温数据错误，因此重点检查该地温分采处的屏蔽及接地情况。具体措施如下。

检查地温分采集器、CAN 线及各传感器的屏蔽线是否与机箱底板接触良好。检查地温分采集器机箱内的接地线是否牢固，地温分采的机箱引下线是由螺母拧在机箱底板的螺栓上的，此处必须拧紧才能保证机箱接地良好。

重新检查、处理确保机箱引下线与地网可靠连接，所有设备的屏蔽线都是接在机箱底板上,通过机箱的引下线接在地网上。因此,必须保证引下线与地网可靠连接,否则机箱内的所有屏蔽设施都不起作用。

经过以上检查处理后,地温数据错误的情况彻底解决。

5.22.5 气温不规律发生跳变

(1)故障现象:某自动站每天都有气温数据跳变,发生的时间、次数无规律,无人工干预的情况下能自动恢复正常。

(2)分析及解决办法:发现此问题后,台站人员对温湿分采、主采等设备进行了更换,但是故障依然没有解决,因此,分析故障原因并不是设备本身造成,是由于干扰造成。干扰一般有两种情况,市电引起及外界的电磁干扰,这两种情况都会造成数据采集的错误,所以从这两方面检查处理。首先所有的接地线、屏蔽线都重新连接确保接触良好,但是故障依旧;然后排查交流电源,断开空气开关,用电池供电,两天内未出现该问题。由此断定,干扰是由于市电"不干净"造成,于是采用 UPS 净化电源给自动站提供 220V 交流电,故障排除。

5.23 DSC1 型称重式降水传感器故障维修

详见附录 D:DSC1 型称重式降水传感器。

5.24 DNQ1 型前向散射式能见度仪故障维修

详见附录 E:DNQ1 型前向散射式能见度仪。

5.25 DPZ1 型综合集成硬件控制器故障维修

详见附录 F:DPZ1 型综合集成硬件控制器。

附录 A　硬件置换

　　维修过程中,对损坏部件的更换是故障排除的必要手段,科学规范的操作流程是硬件置换成功完成的重要保证。硬件置换的原则是置换部件的安装必须符合《地面观测业务规范》(中国气象局,2003 年 7 月)的要求,遵循电气安装的基本操作规范。硬件置换首先需要在系统断电状态下进行(建议避开正点时间);其次操作过程中不能损伤邻近部件;第三新更换部件必须原位固定牢固;第四线缆连接正确可靠。硬件置换主要涉及采集器、传感器、电源、通信及各种连接电缆等。

A.1　采集器

A.1.1　主采集器

　　DZZ4 型自动气象站主采集器见图 A.1。

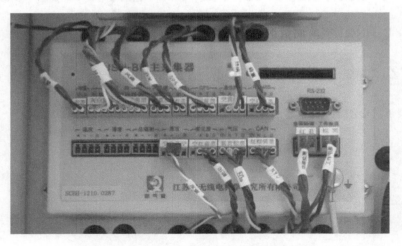

图 A.1　DZZ4 型自动气象站主采集器实物图

A.1.1.1　主采集器置换流程

　　(1)断开自动站交、直流电源,自动站断电。

　　(2)先卸下 CF 卡,并将主采集器各个通道上的端子依次拔下。

　　(3)拆下主采集器四角的固定螺丝,将原采集器取下。

　　(4)换上新的主采集器并将四角的固定螺丝紧固。

　　(5)插上 CF 卡并将接线端子按原位置插回到新更换的主采集器上。

（6）检查全部接线，确保线序正确，接触良好。

（7）闭合自动站交、直流电源开关，观察主采集器工作状态是否正常。

（8）完成主采集器置换。

A.1.1.2　恢复测试

（1）待主采集器指示灯秒闪正常后，通过业务软件查看监控界面实时数据，确定主采集器与计算机之间通信正常。

（2）检查主采集器参数设置是否正确。可以在维护终端中发送 autocheck 命令，检查采集器返回的日期、时间等相关参数是否都正确，如果不正确需进行修改。

（3）检查数据是否正确。通过业务软件查看监控界面实时数据，与备用站实时观测数据比较，确定全部要素实时观测数据正常。

测量数据如温度，湿度，气压等，都可以通过软件上的实时数据来检查。有些导出数据为计算值，并非实测值，由于刚更换主采集器时间间隔不够，有可能数值为缺测或者异常值，当达到计算条件后，主采集器或者软件就会计算出正确的数值。主采集器针对一些观测项目会有一些设置，例如称重、能见度、气压等。如果这些观测项数据缺测，检查对应的参数是否设置正确。

（4）完成恢复测试。

A.1.2　温湿度分采集器

DZZ4 型自动气象站温湿度分采集器见图 A.2。

图 A.2　DZZ4 型自动气象站温湿度分采集器实物图

A.1.2.1　温湿度分采集器置换流程

（1）断开自动站交、直流电源，自动站断电。

（2）旋下温湿度分采集器上的气温传感器、湿度传感器、CAN 通信等 3 个航空插头。

（3）拆下温湿度分采集器四角的固定螺丝，将原温湿度分采集器从固定板取下。

（4）换上新的温湿度分采集器并将四角的螺丝紧固在固定板上。

（5）将气温传感器、湿度传感器、CAN 线接在温湿度分采集器的对应的插座上，并旋紧航空插头。

（6）闭合自动站交、直流电源开关，自动站开始工作。观察温湿度分采集器指示灯运行情况,待运行指示灯秒闪,CANR 指示灯常亮后表示温湿度分采集器连接正常,处于正常工作状态。

(7)完成温湿度分采集器置换。

A.1.2.2　恢复测试

(1)待自动站启动完成后,通过业务软件查看监控界面实时数据,与备用站实时观测数据比较,确定气温、湿度实时观测数据正常。

(2)完成恢复测试。

A.1.3　地温分采集器

DZZ4 型自动气象站地温分采集器见图 A.3。

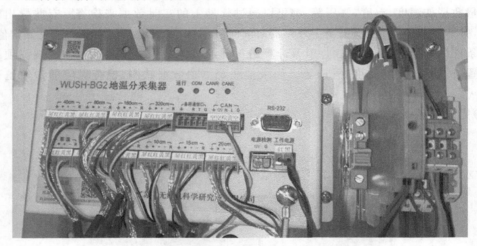

图 A.3　DZZ4 型自动气象站地温分采集器实物图

A.1.3.1　地温分采集器置换流程

(1)断开自动站交、直流电源,自动站断电。

(2)将地温分采集器各个通道上的端子依次拔下,拆下接地线。

(3)拆下地温分采集器四角的固定螺丝,将原地温分采集器取下。

(4)换上新的地温分采集器并将四角的固定螺丝紧固。

(5)将接线端子按原位置插回到新更换的地温分采集器上,接上接地线。

(6)检查全部接线,确保线序正确,接触良好。

(7)闭合自动站交、直流电源开关,自动站开始工作。观察地温分采集器指示灯运行情况,待运行指示灯秒闪,CANR 指示灯常亮后表示地温分采集器连接正常,处于正常工作状态。

(8)完成地温分采集器置换。

A.1.3.2　恢复测试

(1)待自动站启动完成后,通过业务软件查看监控界面实时数据,与备用站实时观测数据比较,确定全部地温(草温)实时观测数据正常。

(2)完成恢复测试。

A.2 传感器

A.2.1 气温传感器

DZZ4 型自动气象站气温传感器见图 A.4。

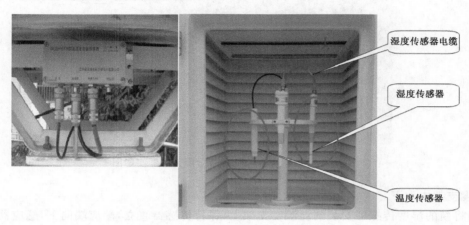

湿度传感器电缆

湿度传感器

温度传感器

图 A.4 DZZ4 型自动气象站气温传感器实物图

A.2.1.1 气温传感器置换流程

（1）断开自动站交、直流电源，自动站断电。

（2）将温度传感器电缆航空插头从温湿度分采集器上旋下。

（3）松开温湿度支架上气温传感器固定环，将气温传感器从温湿度支架中取下。

（4）将新的气温传感器安装到温湿度支架上，保持传感器直立，铂电阻端向下，感应器中心点距地面 1.50m 高度。将信号线扎好，做到干净整洁。

（5）将温度传感器电缆航空插头旋接到温湿度分采集器气温插座上确保接触良好。

（6）闭合自动站交、直流电源开关，自动站开始工作。

（7）完成气温传感器置换。

A.2.1.2 恢复测试

（1）待自动站启动完成后，通过业务软件查看监控界面实时数据，与备用站实时观测数据比较，确定气温实时观测数据正常。

（2）完成恢复测试。

A.2.2 湿度传感器

DZZ4 型自动气象站湿度传感器见图 A.5。

A.2.2.1 湿度传感器置换流程

（1）断开自动站交、直流电源，自动站断电。

（2）旋开湿度传感器电缆航空插头，松开温湿度支架上湿度传感器固定环，将湿度传感器

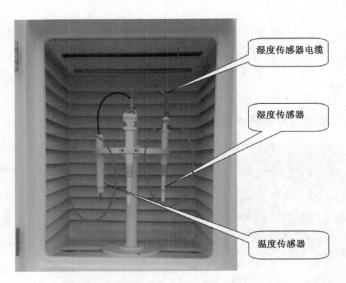

图 A.5　DZZ4 型自动气象站湿度传感器实物图

从温湿度支架中取下。

（3）将新的湿度传感器安装到温湿度支架上，保持传感器直立，感应端向下，感应器中心点距地面 1.50m 高度。将信号线扎好，做到干净整洁。

（4）将湿度电缆航空插头旋接到湿度传感器上，确保接触良好。

（5）闭合自动站交、直流电源开关，自动站开始工作。

（6）完成湿度传感器置换。

A.2.2.2　恢复测试

（1）待自动站启动完成后，通过业务软件查看监控界面实时数据，与备用站实时观测数据比较，确定湿度实时观测数据正常。

（2）完成恢复测试。

A.2.3　气压传感器

DZZ4 型自动气象站气压传感器见图 A.6。

A.2.3.1　气压传感器置换流程

（1）断开自动站交、直流电源，自动站断电。

（2）旋开气压传感器 RS232 通信口两侧的固定螺丝，将气压通信电缆 9 针插头拔下。

（3）旋下固定板固定螺丝，取出固定板及气压传感器，旋下气压传感器的固定螺丝，取下气压传感器。

（4）将新的气压传感器固定在固定板原位置，将固定板固定在机箱底板原位置。

（5）将气压通信电缆 9 针插头插入气压传感器 RS232 通信口上，旋紧两侧的固定螺丝。

（6）闭合自动站交、直流电源开关，自动站开始工作。气压传感器处于正常工作状态时电源指示灯长亮。

（7）完成气压传感器置换。

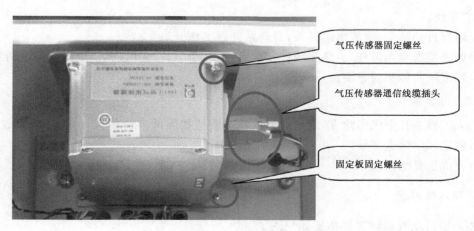

气压传感器固定螺丝

气压传感器通信线缆插头

固定板固定螺丝

图 A.6　DZZ4 型自动气象站气压传感器实物图

A.2.3.2　恢复测试

（1）待自动站启动完成后，通过业务软件查看监控界面实时数据，与备用站实时观测数据比较，确定气压实时观测数据正常。

（2）如果数据异常，检查气压传感器的通信参数使其与主采集器通信参数一致。

（3）气压数据正确，完成恢复测试。

A.2.4　风向传感器

DZZ4 型自动气象站风向传感器见图 A.7。

图 A.7　DZZ4 型自动气象站风向传感器置换示意图

A.2.4.1　风向传感器置换流程

（1）断开自动站交、直流电源，自动站断电。

（2）放倒风杆或爬上风塔，松开 3 个固定螺丝，轻轻抽出风向传感器，将风横臂电缆航空插头从风向传感器上旋下，将风向传感器取下。

（3）换上新的风向传感器，将风横臂电缆航空插头接到风向传感器，将风向指北标记正对北面，并紧固 3 个固定螺丝。注意：连接时要旋转航空插头头部的紧固外圈，以防拧断航空插头内部的芯线。

　　(4)闭合自动站交、直流电源开关,自动站开始工作。

　　(5)如果是安装在风杆上,恢复测试完成后,重新断电,竖起风杆后,重新启动自动站。

　　(6)完成风向传感器置换。

A.2.4.2　恢复测试

　　(1)人工模拟几个风向角度,通过业务软件查看监控界面实时数据,与人工模拟设定的角度相符,确定风向数据正常。

　　(2)完成恢复测试。

A.2.5　风速传感器

　　DZZ4 型自动气象站风速传感器见图 A.8。

图 A.8　DZZ4 型自动气象站风速传感器置换示意图

A.2.5.1　风速传感器置换流程

　　(1)断开自动站交、直流电源,自动站断电。

　　(2)放倒风杆或爬上风塔,松开 3 个固定螺丝,轻轻抽出风速传感器,将风横臂电缆航空插头从风速传感器上旋下,将风速传感器取下。

　　(3)更换上新的风速传感器,将风横臂电缆航空插头接到风速传感器,并紧固 3 个固定螺丝。注意:连接时要旋转航空插头头部的紧固外圈,以防拧断航空插头内部的芯线。

　　(4)闭合自动站交、直流电源开关,自动站开始工作。

　　(5)如果是安装在风杆上,先人工转动风速传感器,验证风速数据基本正常,然后重新断电,竖起风杆后重新启动自动站,再对比测试确定风速实时观测数据正常。

　　(6)完成风速传感器置换。

A.2.5.2　恢复测试

　　(1)待自动站启动完成后,通过业务软件查看监控界面实时数据,与备用站实时观测数据比较,确定风速实时观测数据正常。

　　(2)完成恢复测试。

A.2.6 风横臂

DZZ4 型自动气象站风横臂更换示意图见图 A.9。

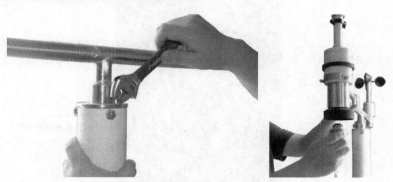

图 A.9 DZZ4 型自动气象站风横臂更换示意图

A.2.6.1 风横臂置换流程

(1)断开自动站交、直流电源,自动站断电。

(2)放倒风杆或爬上风塔,将风电缆航空插头从风横臂航空插座上旋下。

(3)将风向、风速传感器按流程安全取下。

(4)旋开固定螺丝并将风横臂取下。

(5)更换上新的风横臂,按流程将风向、风速传感器正确安装。

(6)将风电缆航空插头可靠旋接到风横臂航空插座上,注意:连接时要旋转航空插头头部的紧固外圈,以防拧断航空插头内部的芯线。

(7)调整风横臂呈南北指向,风向位于风横臂北端,风速位于风横臂南端,并使风横臂保持水平,旋紧固定螺丝将风横臂与横臂底座固定。

(8)闭合自动站交、直流电源开关,自动站开始工作。如果是安装在风杆上,先恢复测试风向数据、验证风速数据完成后,重新断电,竖起风杆后重新启动自动站,再对比测试确定风速实时观测数据正常。

(9)完成风横臂置换。

A.2.6.2 恢复测试

(1)如果是安装在风杆上,先人工转动风速传感器,验证风速数据基本正常;人工模拟几个风向角度,通过业务软件查看监控界面实时数据,与人工模拟设定的角度相符,确定风向数据正常。然后重新断电,竖起风杆后重新启动自动站,待自动站启动完成后,通过业务软件查看监控界面实时数据,与备用站实时观测数据比较,确定风速实时观测数据正常。

(2)完成恢复测试。

A.2.7 翻斗雨量传感器

DZZ4 型自动气象站雨量传感器见图 A.10。

A.2.7.1 翻斗雨量传感器置换流程

(1)将雨量电缆连接端子从主采集器雨量端口拔下。

图 A.10　DZZ4 型自动气象站雨量传感器实物图

（2）拧开雨量传感器外筒的 3 个螺丝，将外筒取下。注意不要用手触摸雨量筒内壁。

（3）将两根传感器信号线从雨量筒内接线柱上拧下，将屏蔽线从雨量筒上拧下。

（4）拧下雨量筒底座的 3 个固定螺丝，拆下雨量筒底座。

（5）更换上新的雨量筒底座，将信号线及屏蔽线从底座上的小孔穿过并打结，固定底座的 3 个螺丝，调节水平，拨动上下翻斗使之倾向同一方向。

（6）将信号线旋压在雨量筒的接线柱上，将屏蔽线压在雨量筒内的螺丝上。

（7）测试雨量信号，正常后将外筒扣上，调节外筒水平，拧紧外筒上的 3 个固定螺丝。

（8）将雨量电缆连接端子插入主采集器雨量端口。

A.2.7.2　恢复测试

（1）更换完成后，使用人工量杯量 10mm 的水，缓慢倒入到雨量筒中，通过业务软件查看监控界面实时数据，传感器是否测量为 10mm 左右。

（2）雨量数据正常，完成恢复测试。

A.2.8　地温（草温）传感器

DZZ4 型自动气象站地温（草温）传感器见图 A.11。

A.2.8.1　地温（草温）传感器置换流程

（1）断开自动站交、直流电源，自动站断电。

（2）将要更换的地温传感器连接端子从分采集器相应通道上拔下，拆下接线端子，将地温传感器电缆从机箱线孔抽出。

（3）将地温传感器电缆从地沟管道抽出。

（4）将地温（草温）传感器从支架取出，换上新的地温（草温）传感器。草温传感器固定在草温支架上；浅层地温传感器通过地温支架安装在地温观测场，置换时把需更换的传感器从地温支架对应层拆卸下来，更换上相应的地温传感器即可；深层地温传感器安装在深层地温套管内，置换时把相应的地温传感器木棒从地温套管中抽出，打开金属铜盖、导热快，拧松木螺丝，

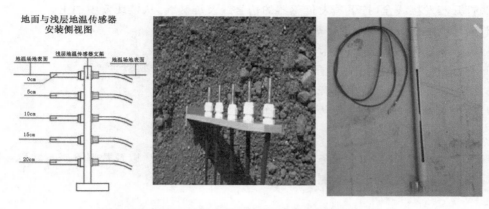

图 A.11　DZZ4 型自动气象站地温（草温）传感器实物图

打开塑料护管，把地温传感器取出，更换上新的地温传感器，重新安装好，垂直插入地温套管。

（5）将地温传感器电缆按原路径穿管（孔）进入地温分采机箱，连接接线端子后插入相应端口。

（6）检查全部接线，确保线序正确，接触良好。

（7）闭合自动站交、直流电源开关，自动站开始工作。

（8）完成地温（草温）传感器置换。

A.2.8.2　恢复测试

（1）待自动站启动完成后，通过业务软件查看监控界面实时数据，与备用站实时观测数据比较，确定地温（草温）实时观测数据正常。

（2）完成恢复测试。

A.2.9　蒸发传感器

DZZ4 型自动气象站蒸发传感器见图 A.12。

图 A.12　DZZ4 型自动气象站蒸发传感器实物图

A.2.9.1　蒸发传感器置换流程

（1）断开自动站交、直流电源，自动站断电。

(2)打开蒸发接线盒,拧下蒸发传感器的信号线及屏蔽线,从接线盒中抽出。

(3)松开蒸发探头的 3 个固定螺丝,取下蒸发传感器。

(4)将新蒸发传感器换上,调节水平后,紧固 3 个固定螺丝。

(5)将蒸发传感器的信号线及屏蔽线穿入接线盒,按原顺序可靠连接。

(6)闭合自动站交、直流电源开关,自动站开始工作。

(7)检测蒸发数据,完成蒸发传感器置换。

A.2.9.2　恢复测试

(1)人工加水或者减水,在业务软件中检查蒸发水位的情况,以及数据是否与实际一致。

(2)蒸发数据正常,完成恢复测试。

A.3　电源系统

电源箱内可置换部分包括空气开关、交流防雷模块、直流防雷模块、电源转换模块、充电保护模块、蓄电池等(图 A.13)。

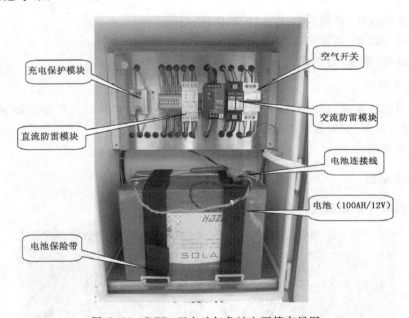

图 A.13　DZZ4 型自动气象站电源箱布局图

A.3.1　空气开关

DZZ4 型自动气象站空气开关见图 A.14。

A.3.1.1　空气开关置换流程

(1)在前级配电箱中将自动站的市电开关断开。

(2)使用万用表测量确认自动站空气开关输入端无交流电输入,将自动站空气开关断开。

(3)旋松空气开关输入、输出端压线螺丝,将交流电源线取出。

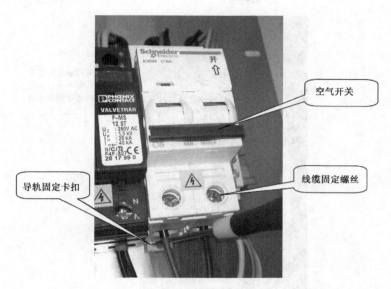

图 A.14 DZZ4 型自动气象站空气开关实物图

（4）拆下原空气开关：使用工具把空气开关导轨固定卡扣往下拨动，同时把空气开关往上提即可卸下空气开关。

（5）更换上新的空气开关：拨动卡扣同时向下按压即可使空气开关固定在导轨上。

（6）将交流电源输入、输出线按原顺序接入到空气开关中，并旋紧压线螺丝。

（7）在前级配电箱中将自动站的市电开关打开，用万用表测量自动站空气开关输入端电压是否正常，确认无误后闭合空气开关，测量自动站空气开关输出端电压正常，确认更换成功。

（8）完成空气开关的置换。

A.3.1.2 恢复测试

（1）闭合空气开关后，检查空气开关输入、输出端市电正常。

（2）完成恢复测试。

A.3.2 交流防雷模块

DZZ4 型自动气象站交流防雷模块见图 A.15。

A.3.2.1 交流防雷模块换流程

（1）断开自动站空气开关，用万用表测量确认交流防雷模块无交流电输入。

（2）旋松压线螺丝，取出交流电源线、接地线。

（3）拆下原交流防雷模块：使用工具向下拨动底部导轨卡扣，同时把防雷模块往上提即可从固定导轨上拆下。

（4）更换上新的交流防雷模块：把防雷模块导轨卡扣往下拨动使之卡在底板导轨上。

（5）按原位置分别接入电源线、接地线，并旋紧压线螺丝。

（6）闭合自动站空气开关，接入交流电，观察失效指示灯不亮即说明交流防雷模块工作正常。

（7）完成交流防雷模块置换。

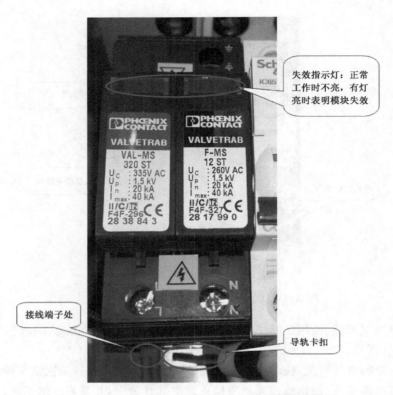

图 A.15　DZZ4 型自动气象站交流防雷模块实物图

A.3.2.2　恢复测试

（1）推上空气开关后，检查交流防雷模块市电接线端电压正常。

（2）完成恢复测试。

A.3.3　电源转换模块

DZZ4 型自动气象站电源转换模块见图 A.16。

A.3.3.1　电源转换模块置换流程

（1）断开自动站空气开关，使用万用表测量确认电源转换模块无交流电输入。

（2）旋松电源转换模块上下两端交、直流电源线的压线螺丝，取出电源线。

（3）拆下原电源转换模块：使用工具向下按电源转换模块的卡扣，同时往上一提即可把电源转换模块从导轨上卸下。

（4）更换上新的电源转换模块：按住电源转换模块卡扣到位后松开，即可卡在底板导轨上。

（5）把相应的电源线分别接入电源转换模块的交流输入端、直流输出端，并旋紧压线螺丝。

（6）检查电源线的位置是否正确，连接是否牢固，确认无误后闭合自动站空气开关，接入交流电。

（7）观测电源转换模块工作指示灯是否正常，测量电源转换模块直流输出端是否为 DC 14.5V 左右，如果偏低或者偏高，使用工具调节电源转换模块直流电压输出微调旋钮。

（8）完成电源转换模块置换。

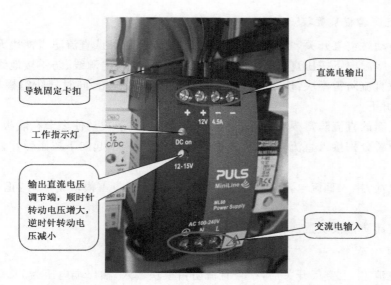

图 A.16 DZZ4 型自动气象站电源转换模块实物图

A.3.3.2 恢复测试

(1)推上空气开关后,检查电源转换模块输出端电压为 DC 14.5V 左右。

(2)完成恢复测试。

A.3.4 直流防雷模块

DZZ4 型自动气象站直流防雷模块见图 A.17。

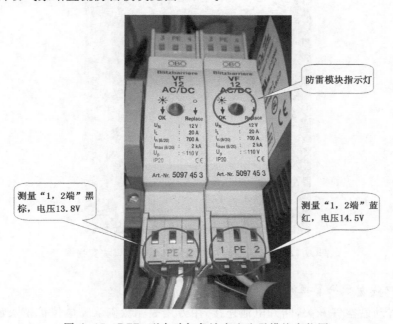

图 A.17 DZZ4 型自动气象站直流防雷模块实物图

A.3.4.1　直流防雷模块置换流程

（1）断开自动站空气开关,断开电池输入,用万用表测量确认直流防雷模块无直流电输入。

（2）使用一字起向下按压直流防雷模块压线弹片,把直流电源线、防雷接地线依次取出。

（3）拆下原直流防雷模块:使用工具向下拨动底部导轨卡扣,同时把防雷模块往上提即可从固定导轨上拆下。

（4）更换上新的直流防雷模块:把防雷模块导轨卡扣往下拨动使之卡在底板导轨上。

（5）按原位置分别接入直流电源线、防雷接地线:使用一字起向下按压弹片,电线插入后松开即可。

（6）连接电池,接入直流电,闭合自动站空气开关,观察防雷模块指示灯,正常呈绿色长亮状态。

（7）完成直流防雷模块置换。

A.3.4.2　恢复测试

（1）连接电池,推上空气开关后,检查直流防雷模块输入、输出端电压为 DC 14.5V 左右。

（2）完成恢复测试。

A.3.5　充电保护模块

DZZ4 型自动气象站充电保护模块见图 A.18。

图 A.18　DZZ4 型自动气象站充电保护模块实物图

A.3.5.1　充电保护模块置换流程

（1）断开自动站空气开关,断开电池连接,用万用表测量确认充电保护模块输入、输出端无直流电压。

（2）拔下充电保护模块输入、输出端子。

（3）旋开四角的固定螺丝,拆下原充电保护模块。

（4）更换上新的充电保护模块并旋紧四角的固定螺丝。

（5）按原位置分别接入输入、输出端子。

（6）连接电池,闭合自动站空气开关,电源系统开始供电。

（7）完成充电保护模块置换。

A.3.5.2　恢复测试

（1）检查充电保护模块输入端电压 DC 14.5V 左右,输出端电压 DC 13.8V 左右,电源系统工作正常。

（2）完成恢复测试

A.3.6　蓄电池

DZZ4 型自动气象站蓄电池见图 A.19。

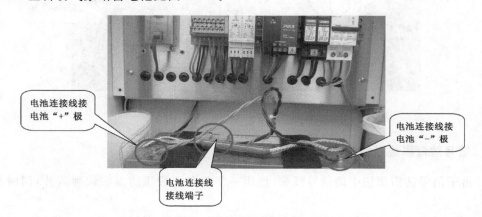

图 A.19　DZZ4 型自动气象站蓄电池实物图

A.3.6.1　蓄电池置换流程

（1）断开自动站空气开关,断开蓄电池连接端子。

（2）旋开蓄电池正、负极的压线螺丝,取下电源线。

（3）解开蓄电池保险带锁扣,取下原蓄电池换上新电池,紧固蓄电池保险带锁扣。注意在取出蓄电池的过程中防止蓄电池两极碰到线缆或者机箱导致短路。

（4）连接蓄电池电源线:橙色线接蓄电池正极,黑色线接蓄电池负极。

（5）对接蓄电池连接端子:两侧端子同颜色线对应。

（6）闭合自动站空气开关,接入交流电。

（7）完成蓄电池置换。

A.3.6.2　恢复测试

（1）检查充电状态下蓄电池电压 DC 13.8V 左右,断开交流电情况下能达到 DC 12V 左右,自动站工作正常。

（2）完成恢复测试。

A.4　信号防雷模块

DZZ4 型自动气象站信号防雷模块见图 A.20。

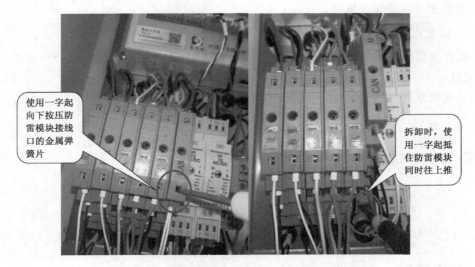

使用一字起向下按压防雷模块接线口的金属弹簧片

拆卸时,使用一字起抵住防雷模块同时往上推

图 A.20　DZZ4 型自动气象站信号防雷模块实物图

A.4.1　信号防雷模块置换流程

(1)拆下信号防雷模块中的信号线缆:使用一字起向下按压防雷模块弹簧片,同时把信号线取出。

(2)把信号防雷模块从机箱底板导轨上拆卸下来:使用一字起抵住防雷模块底部塑料弹片,轻轻往外翘的同时把防雷模块往上推,即可拆卸下来。

(3)更换上新的信号防雷模块:把信号防雷模块下压卡在导轨上。

(4)把信号线缆依次卡入防雷模块压线孔:使用一字起向下按压弹簧片,信号线插入后松开即可。

(5)完成信号防雷模块置换。

A.4.2　恢复测试

(1)断电状态下测量确认信号防雷模块通道上下两端导通、相邻通道及对地为断路状态。

(2)待自动站启动完成后,通过业务软件查看监控界面实时数据,确定实时数据全部正常。

(3)完成恢复测试。

A.5　接线端子

自动站主采集器、分采集器大量使用接线端子连接方式(图 A.21)。

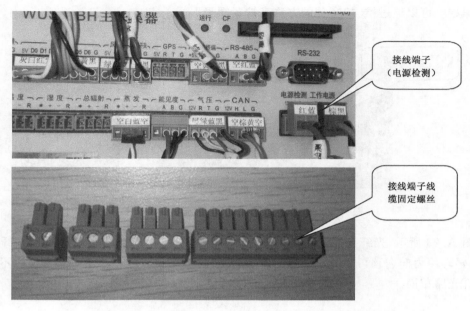

图 A.21　DZZ4 型自动气象站接线端子实物图

A.5.1　接线端子置换流程

（1）拔出采集器上需要置换的接线端子。

（2）旋松接线端子上线缆的固定螺丝，取出卡在接线端子中的线缆，注意记住线序。

（3）更换新的接线端子，将线缆按原顺序插入线孔并旋紧固定螺丝。

（4）把接线端子插入采集器相应的接线端口。

（5）完成接线端子置换。

A.5.2　恢复测试

（1）待自动站启动完成后，通过业务软件查看监控界面实时数据，确定与端子置换相关的要素实时数据正常。

（2）完成恢复测试

A.6　线缆（电缆、光缆）置换

（1）自动站系统设备间的连接线缆包括：主采集器直流电源电缆，主、分采集器间的 CAN 线电缆，主采集器与串口服务器间的通信电缆（光缆），采集器与传感器间的风电缆、湿度电缆、雨量电缆、蒸发电缆、称重电缆、能见度电缆等。

（2）电缆线大部分采用防水接插件连接，部分节点采用接线端子插接或接线排螺丝压线连接。光缆一般采用尾纤 ST 头插接。

自动气象站在结构设计上采用了防水接插件，将电缆插头接到机箱上时，不要误拧松了电缆的锁紧螺母，这将导致失去防水作用。可参考图 A.22，用一只手捏紧图示位置，另一只手拧指定的螺母。可以通过推、拧交替的方法来拧紧螺母。

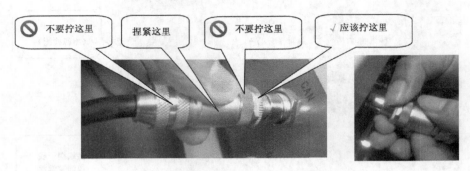

图 A.22　DZZ4 型自动气象站防水接插件示意图

　　如图 A.23 所示,光纤连接时注意将光纤插头上的槽口对准光纤转换模块上光纤插座的定位点,轻轻用力向内顶,顶到位后,顺时针旋转 1/4 圈,即可将光纤插头锁紧。注意不要污染光纤尾纤光路截面。

图 A.23　DZZ4 型自动气象站光纤尾纤示意图

(3)线缆置换注意事项

1)要安全地把原线缆从连接处取下,不要损伤连接点保留侧部件的连接性能。

2)新更换上的线缆连接要确保线序正确、连接可靠。

3)原线缆从铺设管道或线槽中取出时不要损伤其他保留线缆。

4)新更换上的线缆要按规范铺设,不要损伤线缆保护层,转弯处要保留适当弧度,避免折损芯线,外露部分适当捆扎固定。

附录 B 软件及参数设置

B.1 软件升级

B.1.1 主采集器嵌入式软件升级

B.1.1.1 升级流程

主采集器软件升级流程见图 B.1。

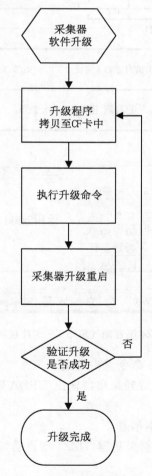

图 B.1 主采集器软件升级流程

B. 1. 1. 2　操作过程

B. 1. 1. 2. 1　升级准备

　　CF 卡一张；计算机 1 台；RS232（2、3 交叉）通信电缆一根；WUSH-BH 采集器嵌入式软件升级包。

B. 1. 1. 2. 2　升级步骤

　　（1）取出备用的 CF 卡，将 CF 卡以 FAT32 文件系统进行格式化。

　　（2）将升级包. rar 解压缩，将解压出来的 4 个文件拷贝到 CF 卡的根目录下。

　　（3）将 CF 卡插回到主采集器的 CF 卡插槽中。

　　（4）关闭 SMO 软件。运行串口调试软件，选择与 SMO 软件一致的串口号，波特率96008 N 1。

　　（5）如图 B. 2 所示，在文本输入框中输入 samples 命令点击发送，查看 CF 的状态，等到CF 卡状态为"已挂载，正常"后进行下一步。

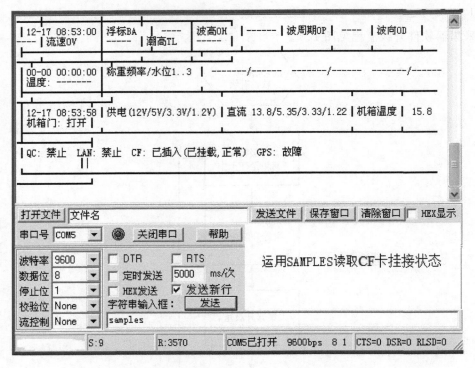

图 B. 2　DZZ4 型自动气象站 CF 卡挂接状态示意图

　　（6）如图 B. 3 所示，输入 update 命令点击发送。

　　（7）采集器自动进入升级状态，等到采集器输出 UPDATE COMPLETED 后，表示升级完成（图 B. 4），采集器系统自动重启。

　　（8）查看采集器嵌入式软件版本信息

　　如图 B. 4 所示，WUSH-BH 数据采集器（DZZ4 型自动气象站）V2. 2. 4 ［16：35：08 Oct 30 2012］S/N：

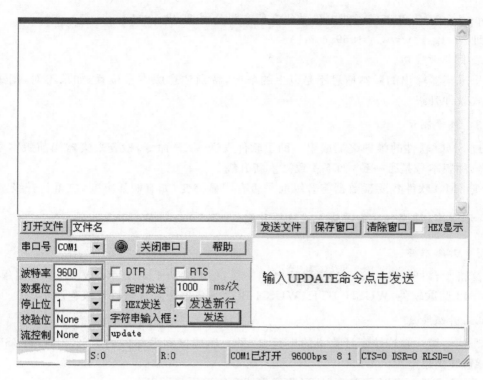

图 B.3 DZZ4 型自动气象站主采集器升级执行命令示意图

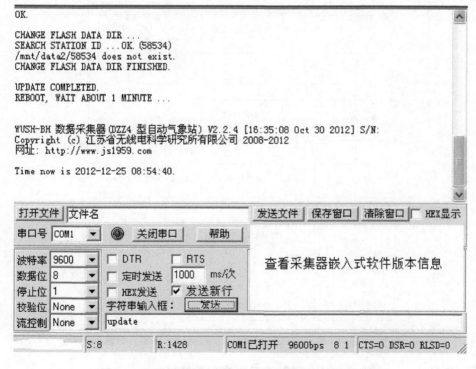

图 B.4 DZZ4 型自动气象站主采集器升级成功示意图

就表明升级成功。

如果采集器输出的版本信息不是以上的情况，特别注意版本号位置，如果不对，则重新进行嵌入式软件升级。

B.1.1.3　恢复测试

通过 SMO 软件的维护终端或串口助手软件发送 VER 命令，检查采集器当前版本号与所升级的软件版本号是否一致，如不一致需重新升级。

检查 SMO 软件各要素数据与升级前是否有明显突变，如有明显突变，应重新升级。

B.1.2　温湿度、地温分采集器嵌入式软件升级

B.1.2.1　升级准备

计算机 1 台；RS232（2、3 交叉）通信电缆一根；LPC2000 Flash Utility V2.2.1 编程软件；SSCOM.42 调试软件；WUSH_BTH、WUSH-BG2 采集器嵌入式软件升级程序包。

B.1.2.2　升级步骤

将通信电缆一端连接到计算机的串行口，另一端连接到采集器的 RS232 口，将 ISP 端口与地短路，并接通电源。

DZZ4 型自动气象站温湿度、地温分采集器升级流程见图 B.5。

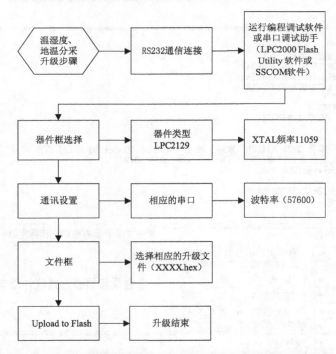

图 B.5　DZZ4 型自动气象站温湿度、地温分采集器升级流程图

注意：按 Upload to Flash 键后，需等待编程进程条结束。

B.2 参数配置

B.2.1 新型自动气象站采集器配置

为保证新型自动气象站采集器正确获取相关的观测要素数据,应保证传感器开启状态、传感器测量范围、质量控制参数、传感器修正值、传感器配置参数、传感器维护操作状态配置正确。

B.2.1.1 传感器标识符

各传感器标识符见表 B.1。

B.2.1.2 新型自动气象站常用命令列表

设置或读取数据采集器的通信参数 SETCOM

设置或读取数据采集器的 IP 地址 IP

读取数据采集器的基本信息 BASEINFO

数据采集器自检 AUTOCHECK

设置或读取数据采集器日期 DATE

设置或读取数据采集器时间 TIME

设置或读取气象观测站的区站号 ID

设置或读取气象观测站的纬度 LAT

设置或读取气象观测站的经度 LONG

设置或读取地方时差 TD

设置或读取观测场海拔高度 ALT

设置或读取气压传感器海拔高度 ALTP

设置或读取传感器测量修正值 SCV

设置或读取辐射传感器灵敏度 SENSI

设置或读取土壤湿度常数 SMC

读取主采集箱门状态 DOOR

读取数据采集器机箱温度 MACT

读取数据采集器电源电压 PSS

设置或读取各传感器状态 SENST

读取数据采集器实时状态信息 RSTA

设置或读取风速传感器的配置参数 SENCO

设置或读翻斗雨量传感器的配置参数 SENCO

维护操作命令 DEVMODE

系统中分采集器配置 DAUSET

GPS 模块配置 GPSSET

CF 卡模块配置 CFSET

表 B.1 各传感器标识符

序号	传感器名称	传感器标识符（×××）	序号	传感器名称	传感器标识符（×××）
1	气压	P	38	冻土深度	FSD
2	百叶箱气温	T0	39	闪电频次	LNF
3	通风防辐射罩气温1	T1	40	总辐射	GR
4	通风防辐射罩气温2	T2	41	净全辐射	NR
5	通风防辐射罩气温3	T3	42	直接辐射	DR
6	湿球温度	TW	43	散射辐射	SR
7	湿敏电容传感器或露点仪	U	44	反射辐射	RR
8	露点仪	TD	45	紫外辐射(UVA+UVB)	UR
9	通风防辐射罩1	SV1	46	紫外辐射(UVA)	UVA
10	通风防辐射罩2	SV2	47	紫外辐射(UVB)	UVB
11	通风防辐射罩3	SV3	48	大气长波辐射	AR
12	风向	WD	49	大气长波辐射传感器腔件温度	ART
13	风速	WS	50	地面长波辐射	TR
14	风速(1.5米,气候辅助观测)	WS1	51	地面长波辐射传感器腔件温度	TRT
15	降水量(翻斗式或容栅式)	RAT	52	光合有效辐射	PR
16	降水量(翻斗式或容栅式气候辅助观测)	RAT1	53	日照	SSD
17	降水量(称重式)	RAW	54	5cm 土壤湿度	SM1
18	草面温度	TG	55	10cm 土壤湿度	SM2
19	地表温度(红外,气候辅助观测)	IR	56	20cm 土壤湿度	SM3
20	地表温度	ST0	57	30cm 土壤湿度	SM4
21	5cm 地温	ST1	58	40cm 土壤湿度	SM5
22	10cm 地温	ST2	59	50cm 土壤湿度	SM6
23	15cm 地温	ST3	60	100cm 土壤湿度	SM7
24	20cm 地温	ST4	61	180cm 土壤湿度	SM8
25	40cm 地温	ST5	62	地下水位	WT
26	80cm 地温	ST6	63	浮标方位	BA
27	160cm 地温	ST7	64	表层海水温度	OT
28	320cm 地温	ST8	65	表层海水盐度	OS
29	蒸发量	LE	66	表层海水电导率	OC
30	能见度	VI	67	波高	OH
31	云高	CH	68	波周期	OP
32	总云量	TCA	69	波向	OD
33	低云量	LCA	70	表层海洋面流速	OV
34	天气现象	WW	71	潮高	TL
35	积雪	SD	72	海水浊度	OTU
36	冻雨	FR	73	海水叶绿素浓度	OCC
37	电线积冰	WI			

读取主采集器工作状态 STATMAIN

读取温湿观测分采集器工作状态 STATTARH

读取气候观测分采集器工作状态 STATCLIM

读取辐射观测分采集器工作状态 STATRADI

读取地温观测分采集器工作状态 STATEATH

读取土壤水分观测分采集器工作状态 STATSOIL

读取海洋观测分采集器工作状态 STATSEAA

读取智能传感器保留工作状态 STATINTL

读取传感器工作状态 STATSENSOR

读取自动气象站所有状态信息 STAT

帮助命令 HELP

设置或读取各传感器测量范围值 QCPS

设置或读取各要素质量控制参数 QCPM

下载分钟常规观测数据 DMGD

下载分钟气候观测数据 DMCD

下载分钟辐射观测数据 DMRD

下载分钟土壤水分观测数据 DMSD

下载分钟海洋观测数据 DMOD

下载小时常规观测数据 DHGD

下载小时气候观测数据 DHCD

下载小时辐射观测数据 DHRD

下载小时土壤水分观测数据 DHSD

下载小时海洋观测数据 DHOD

读取采样数据 SAMPLE

设置或读取大风报警阈值 GALE

设置或读取高温报警阈值 TMAX

设置或读取低温报警阈值 TMIN

设置或读取降水量报警阈值 RMAX

设置或读取采集器温度报警阈值 DTLT

设置或读取采集器蓄电池电压报警阈值 DTLV

B.2.1.3 SENST 传感器开启状态

台站承担的观测任务,应在新型自动气象站采集器中配置为开启状态,可以通过 SENST 命令进行检查或配置,命令格式如下:

命令符:SENST ×××

其中,×××为传感器标识符,由 1～3 位字符组成,对应关系见表 B.1。

参数:单个传感器的开启状态。用"0"或"1"表示,"1"表示传感器开启,"0"表示传感器关闭。

示例:若没有或停用蒸发传感器,则键入命令为:

SENST LE 0 ↙

返回值:〈F〉表示设置失败,〈T〉表示设置成功。

若能见度传感器已启用,直接键入命令:

SENST VI ✓

正确返回值为〈1〉。

B.2.1.4　QCPS 传感器测量范围

为正确获取观测数据,相应传感器的测量范围应设置合理,可以通过 QCPS 命令进行检查或配置,命令格式如下:

命令符:QCPS ×××

其中,×××为传感器标识符,由 1～3 位字符组成,对应关系见表 B.1。

参数:传感器测量范围下限、传感器测量范围上限、采集瞬时值允许最大变化值。各参数值按所测要素的记录单位存储。某参数无时,用"/"表示。

示例:若气温传感器测量范围下限为−90℃,上限为 90℃,采集瞬时值允许最大变化值为 2℃,则键入命令为:

QCPS T1 −90.0 90.0 2.0 ✓

返回值:〈F〉表示设置失败,〈T〉表示设置成功。

若读取采集器中湿敏电容传感器的设置值,湿度传感器测量范围下限为 0,上限为 100,采集瞬时值允许最大变化值为 5,直接键入命令:

QCPS U ✓

正确返回值为〈0 100 5〉。

B.2.1.5　QCPM 质量控制参数

为正确获取观测数据,相应要素的质量控制参数应设置合理,可以通过 QCPM 命令进行检查或配置,命令格式如下:

命令符:QCPM ×××

其中,×××为要素所对应的传感器标识符,由 1～3 位字符组成,对应关系见表 B.1。瞬时风速用 WS 表示,2 分钟风速用 WS2 表示,10 分钟风速用 WS3 表示。

参数:要素极值下限、要素极值上限、存疑的变化速率、错误的变化速率、最小应该变化的速率。各参数按所测要素的记录单位存储。某参数无时,用"/"或"−"表示。

示例:若气温极值的下限为−75℃,上限为 80℃,存疑的变化速率为 3℃,错误的变化速率 5℃,最小应该变化的速率 0.1℃,则键入命令为:

QCPM T0 −75.0 80.0 3.0 5.0 0.1 ✓

返回值:〈F〉表示设置失败,〈T〉表示设置成功。

若读取瞬时风速的质量控制参数,瞬时风速的下限为 0,上限为 150.0,存疑的变化速率为 10.0,错误的变化速率为 20.0,最小应该变化的速率为"−",直接键入命令:

QCPM WS ✓

正确返回值为〈0 150.0 10.0 20.0 −〉。

B.2.1.6　SCV 传感器修正值

为正确获取观测数据,相应传感器的修正值应设置合理,可以通过 SCV 命令进行检查或配置,命令格式如下:

命令符:SCV ××

其中,××为传感器标识符,对应关系见表 B.1。

参数:传感器测量修正值,格式为"上限值,修正值/上限值,修正值/…"。上限值和修正值的小数位以对应要素在《地面气象观测规范》规定为准。

示例:若百叶箱气温传感器检定的修正值见表 B.2。

表 B.2 气温传感器修正值

温度范围(℃)	修正值(℃)
≤−25.0	−0.1
−24.9~−20.0	0.0
−19.9~15.0	0.1
15.1~25.0	0.0
25.1~40.0	0.1
≥40.1	0.0

则键入命令为:

SCV T0 −25.0,−0.1/−20.0,0.0/15.0,0.1/25.0,0.0/40.0,0.1/99.9,0.0/↙

返回值:〈F〉表示设置失败,〈T〉表示设置成功。

注:在最后一个上限值输入 99.9,以表示 40.1 以上的值均按 0.0 修正。

B.2.1.7 SENCO 传感器配置参数

为正确获取观测数据,风速、翻斗雨量传感器的配置参数应设置合理,可以通过 SENCO 命令进行检查或配置,命令格式如下:

命令符:SENCO ×××

其中,×××为风速、翻斗雨量传感器的标识符,对应关系见表 B.1。

参数:三次多项式系数 a_0,a_1,a_2,a_3。系数之间用半角空格分隔。

示例:若 10m 风速与频率的关系为 $V=0.2315+0.0495f$,则多项式系数为 0.2315,0.0495,0,0,键入命令为:

SENCO WS 0.2315 0.0495 0 0 ↙

返回值:〈F〉表示设置失败,〈T〉表示设置成功。

数据采集器中的 10m 风速多项式系数为 0.2315,0.0495,0,0,直接键入命令:

SENCO WS ↙

正确返回值为〈0.2315 0.0495 0 0〉。

B.2.1.8 DEVMODE 传感器维护操作状态

为正确获取观测数据,称重降水、蒸发传感器的维护操作状态应设置合理,可以通过 DEVMODE 命令进行检查或配置,命令格式如下:

命令符:DEVMODE ×××

其中,×××为称重降水、蒸发传感器的标识符,对应关系见表 B.1。

参数:工作模式 恢复时间。参数之间用半角空格分隔。工作模式:"0"表示正常工作,"2"表示维护状态。恢复时间表示从维护状态自动回到正常工作模式的时间,单位为分钟,只用于工作模式"2"。

参数不保存,采集器重新上电后自动进入工作模式。

示例:若需对称重降水传感器维护 30 分钟,则键入命令为:

DEVMODE RAW 2 30 ↙

返回值:〈F〉表示设置失败,〈T〉表示设置成功。

若称重降水传感器维护完成,则键入如下命令立即恢复正常工作模式:

DEVMODE RAW 0 ↙

返回值:〈F〉表示设置失败,〈T〉表示设置成功。

数据采集器中已设置蒸发传感器在维护状态,维护时间为 25 分钟,且维护过程已进行了 10 分钟,直接键入命令:

DEVMODE LE ↙

正确返回值为<2 15>,表示维护时间还余 15 分钟。

B. 2. 2　ISOS 软件配置

为保证 ISOS 软件中的采集软件(SMO)获取新型自动气象站的数据,应保证观测项目挂接、通信参数、标定、停用、维护状态设置正确。

B. 2. 2. 1　观测项目挂接

在"参数设置→观测项目"挂接设置中,正确挂接新型自动站和相关的观测要素传感器(图 B. 6)。

图 B. 6　ISOS 软件观测项目挂接示意图

B.2.2.2 通信参数

在 SMO 主界面左侧的观测项目树列表中,在新型自动站右键单击,选择通信参数,选择与新型自动站接入计算机一致的通信串口,并保证波特率为 9600,校验位为无,数据位为 8,停止位为 1 位(图 B.7)。

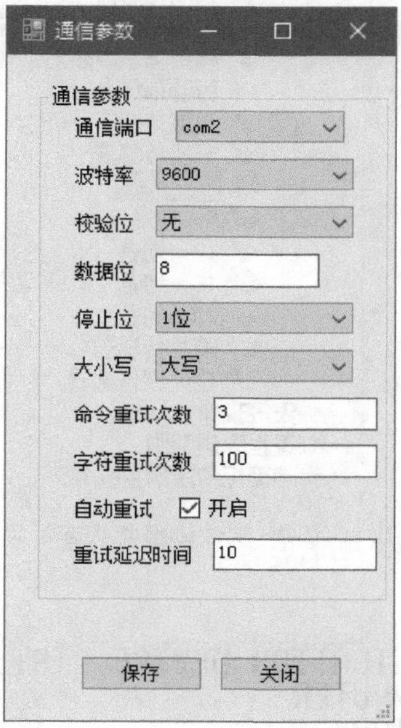

图 B.7 ISOS 软件通信参数示意图

完成本项设置后,可以在"设备管理→维护终端"中,选择端口为新型自动站串口处理,在命令行中输入 BASEINFO,并点击发送命令,查看是否正常返回 DZZ4 新型自动气象站采集器的基本信息,来确定是否与新型自动气象站正常通信。

B.2.2.3 标定、维护、停用状态

在 SMO 主界面左侧的观测项目树列表中展开所有分支,每项观测要素均应根据台站观测任务处于正确的状态下,启用的观测要素左侧应为绿色"√",处于标定、维护、停用状态的观测要素左侧应为红色"×"(图 B.8)。

B.2.3 气压串口配置

使用 SMO 软件的维护终端或串口助手软件,发送 COMDEV 命令,应返回采集器的六个 COM 口分别配置的哪种传感器,如图 B.9 所示,气压的配置在 2 口,正确的配置就是 PTB220,若不是,则发送 SUPER ADMIN 命令,进入管理员模式,然后发送 COMDEV 2 PTB220 命令,返回 T,表示配置成功。

然后使用 SMO 软件的维护终端或串口助手软件,发送 SETCOMEX 命令,应返回采集器的六个 COM 口分别配置的通信参数,如图 B.10 所示,气压 2 口的通信参数应为 2400 8 N 1,若不正确则发送 SUPER ADMIN 命令,进入管理员模式,然后发送 SETCOMEX 2 2400 8 N 1 命令,返回 T,表示配置成功。

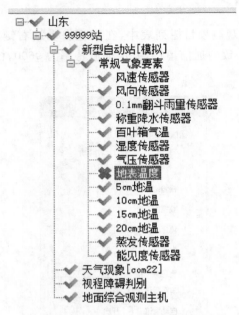

图 B. 8　ISOS 软件传感器状态示意图

```
comdev
COMMUNICATION DEVICE LIST:
0: COMPUTER
1: FD12P
2: PTB220
3: COMPUTER
4: NONE
5: NONE
```

图 B. 9　DZZ4 型自动气象站串口配置示意图

```
setcomex
COM PARAMETER LIST:
0 9600 8 N 1
1 4800 8 N 1
2 2400 8 N 1
3 9600 8 N 1
4 4800 8 N 1
5 9600 8 N 1
```

图 B. 10　DZZ4 型自动气象站串口通信参数示意图

　　运行 Windows 自带的超级终端或其他串口通信软件,将串口参数设置为 9600 7 E 1,并打开端口,同时连接好气压传感器(图 B. 11)。(以上是指全新气压传感器的通信参数,一般从厂家发出的气压计已将其改成 2400 8 N 1。)

　　接通气压传感器电源。超级终端窗口中会显示"PTB220 / 3.05"之类的信息及"＞"提示符,说明气压传感器与电脑通信成功。(若先接通气压计电源,后打开超级终端通信端口,则无

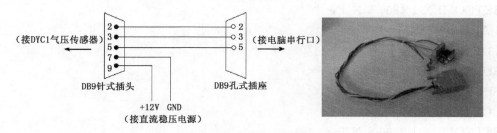

图 B.11　DZZ4 型自动气象站电脑直连气压传感器接线图

此显示信息。）

用 SERI 命令设置波特率。气压传感器若要用于 DZZ4 型自动站采集器,则其通信参数应置为 2400 8 N 1。在"＞"提示符后键入"SERI 2400 8 N 1",并按回车键。

更改完气压传感器的通信参数后,修改超级终端或串口通信软件的通信参数与气压传感器通信参数一致。

用 SCOM 命令设置数据通信命令。气压传感器若要用于 DZZ4 型自动站采集器,则其通信命令就为数字 5。在"＞"提示符后键入 SCOM 命令并回车后,屏幕显示原数据通信命令及一个问号,此时输入"5"♯R 并回车,注意需用英文方式下的双引号。

用 FORM 命令设置数据输出格式。气压传感器若要用于 DZZ4 型自动站采集器,则其输出数据格式应为××××.×× hPa。在"＞"提示符后键入 FORM 命令并回车后,屏幕显示原数据输出格式及一个问号,此时输入 4.2 P " " U4 ♯RN 并回车,注意需用英文方式下的双引号。

此时气压计通信参数就已设置完成了,在"＞"提示符后键入数字 5 可返回气压值,如图 B.12 所示。完成设置后的气压计可与 DZZ4 型自动站采集器互联通信。

＞5

1020.36 hPa

图 B.12　DZZ4 型自动气象站电脑直连气压传感器获取数据示意图

B.2.4　能见度串口配置

DZZ4 型自动站主采集器可以挂接 DNQ1、DNQ2、DNQ3 三种型号的能见度传感器,可以通过维护终端或串口助手软件发送相关命令进行配置。

(1)DNQ1 能见度传感器

SUPER ADMIN ↙

SENST VI 1 ↙

COMDEV 1 FD12P ↙

SETCOMEX 1 4800 8 N 1 ↙

VARCH VI COM.1 V,V10 ↙

(2)DNQ2 能见度传感器

SUPER ADMIN ↙

SENST VI 1 ↙

COMDEV 1 HW_N1 ↙

SETCOMEX 1 4800 8 N 1 ↙

VARCH VI COM. 1 V ↙

(3)DNQ3 能见度传感器

SUPER ADMIN ↙

SENST VI 1 ↙

COMDEV 1 CJY1G ↙

SETCOMEX 1 2400 8 N 1 ↙

VARCH VI COM. 1 V，V10 ↙

B. 2. 5　称重降水传感器串口配置

　　DZZ4 型自动站主采集器可以挂接 DSC1 称重降水传感器，可以通过维护终端或串口助手软件发送相关命令进行配置。

SUPER ADMIN ↙

SENST RAW 1 ↙

COMDEV 5 WUSH_WP ↙

SETCOMEX 5 9600 8 N 1 ↙

附录 C　附图

C.1　硬件结构图

C.1.1　电源系统结构图

电源系统结构图见图 C.1。

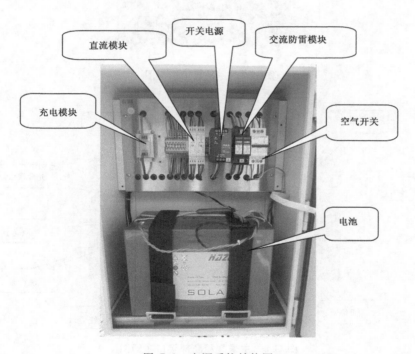

图 C.1　电源系统结构图

C.1.2　主采集箱结构图

主采集箱结构图见图 C.2。

C.1.3　主采集箱底部接口布局图

主采集箱底部接口布局图见图 C.3。

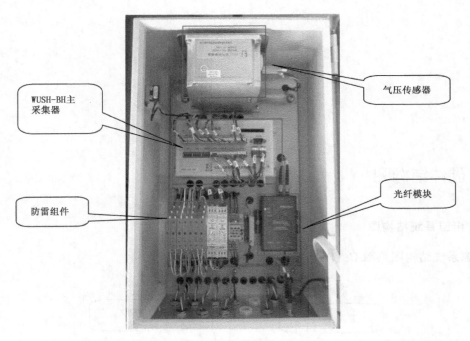

图 C.2　主采集箱结构图

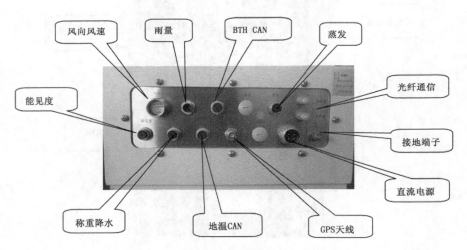

图 C.3　主采集箱底部接口布局图

C.1.4　WUSH-BH 主采集器面板接口布局图

WUSH-BH 主采集器面板接口布局图见图 C.4。

C.1.5　WUSH-BTH 温湿分采集器接口布局图

WUSH-BTH 温湿分采集器接口布局图见图 C.5。

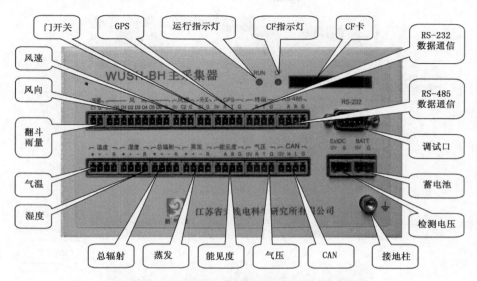

图 C. 4 WUSH-BH 主采集器面板接口布局图

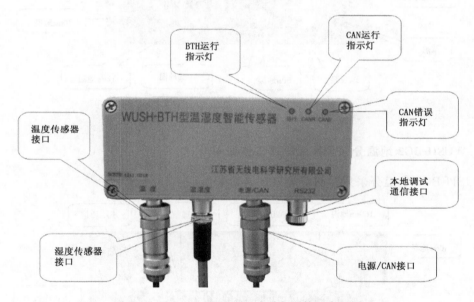

图 C. 5 WUSH-BTH 温湿分采集器接口布局图

C.1.6 地温分采集箱结构图

地温分采集箱结构图见图 C.6。

C.1.7 地温分采集箱底部接口布局图

地温分采集箱底部接口布局图见图 C.7。

图 C.6　地温分采集箱结构图

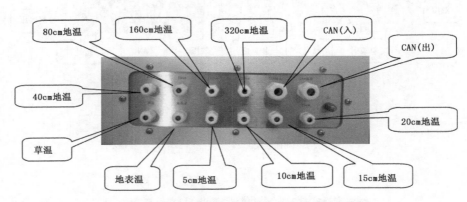

图 C.7　地温分采集箱底部接口布局图

C.1.8　WUSH-BG2 地温分采集器面板接口布局图

WUSH-BG2 地温分采集器面板接口布局图见图 C.8。

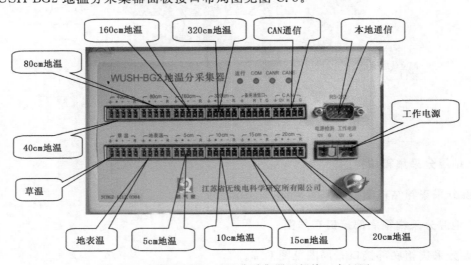

图 C.8　WUSH-BG2 地温分采集器面板接口布局图

C.2 电气连接图

C.2.1 主电源箱电气连接图

主电源箱电气连接图见图 C.9。

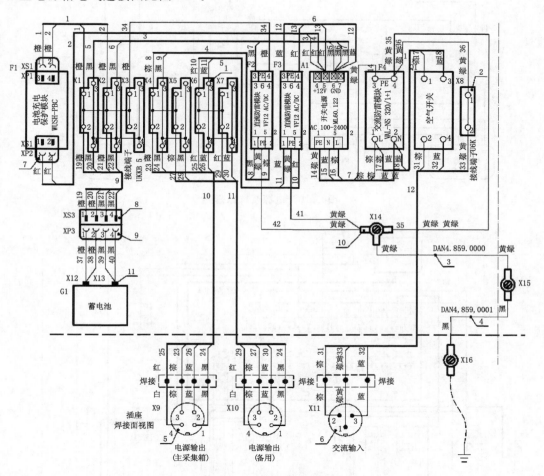

图 C.9 主电源箱电气连接图

C.2.2 电源系统原理图

电源系统原理图见图 C.10。

C.2.3 主采集箱电气连接图

主采集箱电气连接图见图 C.11。

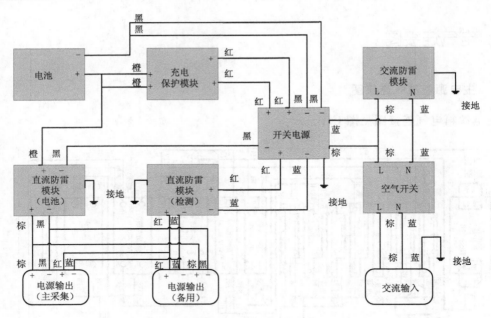

图 C.10　电源系统原理图

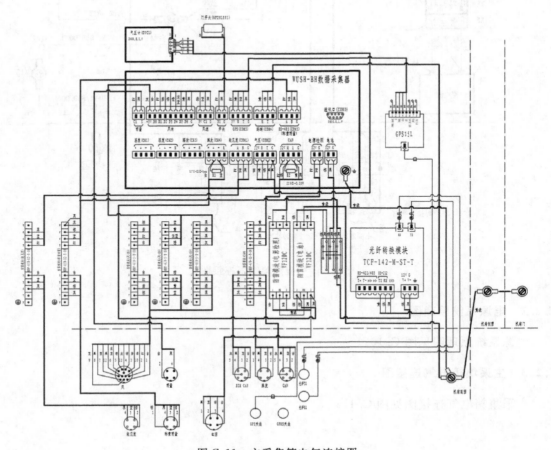

图 C.11　主采集箱电气连接图

C.2.4 温湿分采电气连接图

温湿分采电气连接图见图 C.12。

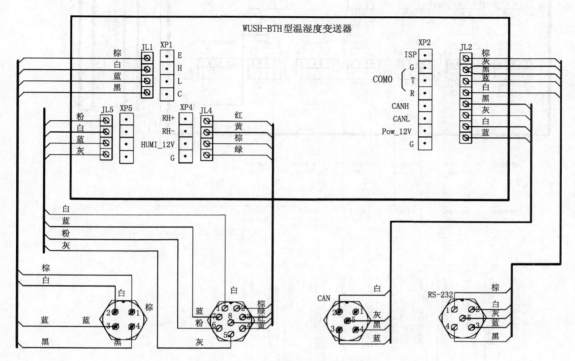

图 C.12 温湿分采电气连接图

C.2.5 地温分采电气连接图

地温分采电气连接图见图 C.13。

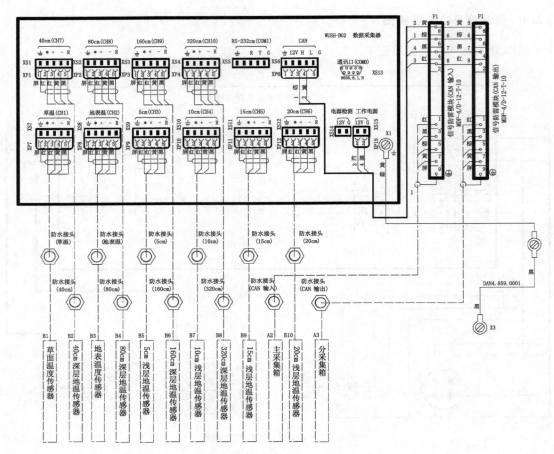

图 C.13　地温分采电气连接图

附录 D　DSC1 型称重式降水传感器

D.1　设备概况

D.1.1　概述

　　DSC1 型称重降水传感器是一种适合固态、液态和混合态降水总量及降水强度测量的智能传感器,既可以直接挂接在自动气象站上,也可以作为独立的降水观测仪使用。它结合了电子测量、机电工程、信号处理等技术,适合在苛刻现场条件下进行全天候降水测量。该产品具有高可靠性、高准确性、易维护、易扩展等特点。

D.1.2　设备外观及结构

　　DSC1 型称重降水传感器基于单点测压原理设计,由硬件和处理软件组成。该传感器既可以输出开关信号替换或模拟翻斗雨量传感器接入现有的各种自动气象站,也可以作为智能传感器直接挂接在新型自动气象站上。称重式降水传感器的组成结构框图见图 D.1,现场安装效果图见图 D.2。

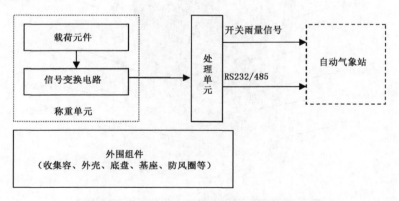

图 D.1　DSC1 型称重式降水传感器组成结构图

D.1.3　组成部分功能介绍

　　DSC1 型称重降水传感器的具体组成部分如图 D.3 所示,在硬件上分为称重单元、处理单元和外围组件三部分。

图 D.2　DSC1 型称重式降水传感器现场安装效果图

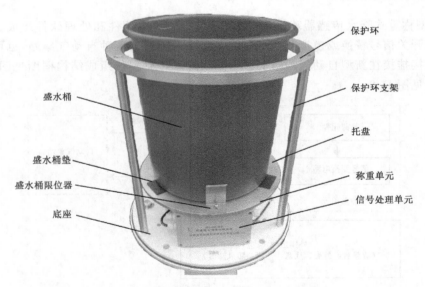

图 D.3　DSC1 型称重式降水传感器内部结构图

D.1.3.1　称重单元

　　称重单元是称重式降水传感器的重要组成部分。主要由载荷元件和信号变换电路组成（图 D.4），载荷元件是称重单元的核心，通过对质量变化的快速响应测量降水。称重单元通过温度补偿、数字滤波等技术达到全量程范围内的降水准确测量，测量结果送到处理单元做进一步处理。

　　载荷元件采用单点测压元件，它基于电阻应变技术，敏感梁在外力作用下产生弹性变形，使粘贴在它表面的电阻应变片也随同产生变形,电阻应变片变形后,它的阻值将发生变化,再经相应的测量电路把这一电阻变化转换为电信号,进而得到质量(压力)。

信号变换电路的作用是将载荷元件测得的压力信号进行转换,再通过温度修正处理后,得到准确的质量数据,信号变换电路也叫电子单元。

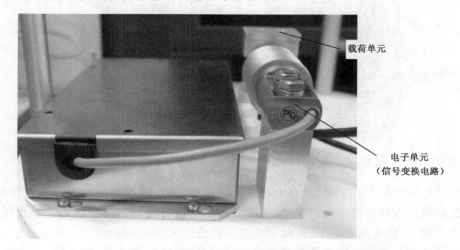

载荷单元

电子单元
(信号变换电路)

图 D.4　DSC1 型称重式降水传感器称重单元实物图

D.1.3.2　信号处理单元

它由中央处理器、时钟电路、数据存储器、信号继电器、RS232 驱动器等部分构成。其主要功能是对称重单元的信号进行采样,并对采样值进行数据运算处理,计算出分钟降水量和累计降水量,并实现质量控制、记录存储,实现数据通信和传输。处理单元既能输出雨量开关信号(模拟翻斗雨量传感器),也能通过 RS232 接口直接提供数字量。处理单元的结构和实物分别见图 D.5 和图 D.6。

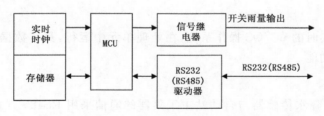

图 D.5　DSC1 型称重式降水传感器信号处理单元结构图

信号继电器的开关动作由 MCU 控制,模仿翻斗雨量传感器的开关信号输出。当前分钟发生的降水量所对应的开关次数,平均分布后通过信号继电器输出。信号继电器每闭合一次,对应翻斗雨量传感器的一翻斗雨量(0.1mm)信号。

D.1.3.3　外围组件

外围组件包括盛水桶、外壳、底盘、底座组件、防风圈等。

盛水桶用于收集降水,同时也盛装防冻液和防蒸发油。盛水桶安装在载荷元件上,可容纳的累积降水量(含防冻液、防蒸发油等)不小于 600mm。

图 D.6　DSC1 型称重式降水传感器信号处理单元实物图

外壳的外形设计呈"凸"字形,具有上部窄下部宽的特点,这样的结构可起密封性很好,既能减少外部环境对内部测量环境的扰动,又能对内部器件有很好的防护作用。盛水桶与外壳间保持合理间隙,可防止两者冻结、接触影响正常观测。

承水口设计符合地面气象业务观测相关规定,形状为内径 200mm 的正圆,口缘呈内直外斜刀刃形,可有效防止雨滴溅失和桶口变形,保证承水口采样面积和 0.1mm 翻斗雨量传感器一致。

底座用于放置内部的称重单元、盛水桶等部件。底座安装在基座上。

基座组件包括基座、预埋件和螺栓螺母等。基座的下法兰盘安装在混凝土基座(或基础)上;基座的上法兰盘用于安装底盘,并可通过调平螺栓调节仪器的水平度。

防风圈是增大降雪捕获率的重要设备,顶端高度略高于传感器承水口,表面喷涂防腐蚀、耐紫外白色涂层。防风圈与传感器分开安装。

D.1.3.4　处理软件

处理软件基于实时的 uC/OS 操作系统,在处理单元中运行,具有数据采集、数据处理、数据存储和数据输出功能。

D.1.3.5　通信

DSC1 型称重式降水传感器与自动站主采集器的通信采用 RS485 方式,遵循功能规格需求书中规定的终端操作命令,同时也可支持 RS232 和脉冲输出方式。

D.2　配置清单

配置清单见表 D.1。

表 D.1　配置清单

序号	部件名称	型号	备注
1	称重信号处理单元	WUSH-WP	禁拆部件
2	称重式降水传感器	DSC1	

序号	部件名称	型号	备注
3	盛水桶		
4	称重外筒		
5	称重防风圈		
6	称重底座		
7	称重基座组件		
8	称重信号电缆		
9	手动虹吸泵		
10	抑制蒸发油		耗材
11	防冻液		耗材

D.3　技术参数

技术参数见表 D.2。

表 D.2　技术参数

序号	项目类型	技术指标
1	承水口内径尺寸	$\varnothing 200^{+0.6}_{0}$ mm
2	容量	600mm（包括防冻液，蒸发抑制油）
3	分辨力	0.1mm
4	最大测量误差（强度≥0.5mm/h）	±0.3mm，≤10mm 时； ±3%，>10mm 时；
5	测量稳定性	年漂移≤0.2mm
6	最大载荷量	30kg
7	质量分辨力	1g
8	通信接口	RS232/RS485/脉冲接口
9	工作电压	DC 9～15V

D.4　故障维修索引表

故障维修索引见表 D.3。

表 D.3　故障维修索引

序号	故障现象	故障原因/部位	故障解决方案	故障级别
1	称重降水数据缺测	参数设置错误； 线路连接错误； 电源故障。	见 D.5.1	简单故障
		传感器故障； 通信电缆故障； 主采集器故障。	见 D.5.1	一般故障

续表

序号	故障现象	故障原因/部位	故障解决方案	故障级别
2	称重降水数据异常	参数设置错误； 传感器缺少维护。	见 D.5.2	简单故障
		主采集器故障。	见 D.5.2	一般故障

D.5 故障维修

D.5.1 称重降水数据缺测

D.5.1.1 故障现象

称重降水数据缺测，自动站其他观测要素正常。

D.5.1.2 故障分析

称重式降水传感器是智能传感器，输出信号是 RS485/RS232 的串口信号或者脉冲信号。DZZ4 业务站的标准配置采用 RS485 方式将称重降水数据传输到主采集器。

引起称重降水数据缺测的故障原因可能有：

(1)参数设置错误；

(2)称重式降水传感器故障；

(3)称重降水通信电缆故障；

(4)主采集器通道故障。

D.5.1.3 技术依据

称重降水测量信号流向如图 D.7 所示。

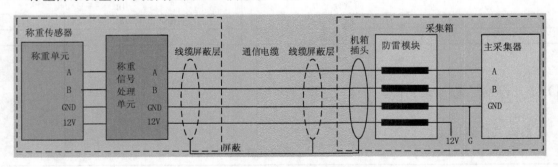

图 D.7　DSC1 型称重式降水传感器测量信号流向图

称重式降水传感器两种方式的接线及定义见表 D.4，其中通信参数为：9600 8 N 1。

表 D.4　称重式降水传感器接线颜色及定义

序号	信号名称	信号线颜色	备注
1	RS485+	黄	A
2	RS485-	蓝	B

续表

序号	信号名称	信号线颜色	备注
3	屏蔽线	屏	
4	P＋	红	脉冲
5	P－	黑	脉冲
6	电源＋	红	＋12V
7	电源－	黑	G

D.5.1.4　维修流程

维修流程见图 D.8。

D.5.1.5　检测要点

在 ISOS 的采集软件上检查称重式降水传感器是否挂接；用终端操作命令 SENST RAW 检查称重式降水传感器的状态是否被禁用；检查 ISOS 软件中的数据质量控制参数设置。

检查称重式降水传感器是否连接正确，传感器接插件是否有松动现象。

检查传感器的供电电压，将万用表调到直流电压 20V 的测量挡，在称重降水信号处理单元的电源输入端上，测量"红、黑"两端的电压，正常情况下，电压应在 DC 10～14.5V 之间，若低于 DC 10V，则说明供电存在问题，检查通信电缆和供电系统，恢复供电。

在主采集器上，将称重降水的接插件拔掉；在称重降水处理单元端，将通信电缆的信号接插件拔掉，使用万用表通断挡分别测量三根信号线的通断，若其中任一组出现短路、断路情况，说明通信电缆故障，修复或更换通信电缆。

电脑直连称重降水传感器读取数据，判断传感器是否正常。如果质量数据没有，则用替换法排除称重单元故障；如果质量数据正常雨量数据没有，则用替换法排除信号处理单元故障。

如果传感器、供电、电缆均正常，可能主采集器故障。

附：电脑直连传感器读取数据方法：

通过 RS232 电缆将计算机（需要串口）与称重信号处理单元上的 COM0 口连接，运行串口调试软件或超级终端，通信参数设置 9600 8 N 1。检测步骤如下：

运行串口调试软件，按图 D.9 进行设置：

在命令输入框中输入命令，指定要读取的开始时间和结束时间，示例：

DMES 2013-11-01 08:30 2013-11-02 08:10

建议指定的时间范围要大一些，特别是包括发生异常雨量数据或明确已倒水测试的时间段内，以便更好地分析问题。

点击"发送"按钮，传感器将输出内存中的数据，格式如下：

201311012129 1　0.0(08)　　0.0(08)　　0.0(08)　　0.0(08)　　10527.3(00)　10527.3

23.8　15.1　VRG　　1000　　100.54　　0.00　　— 99.99　　10527.3　　10.3　13.4

————————— C3

数据由表 D.5 所列内容组成，各项目之间用空格分隔。

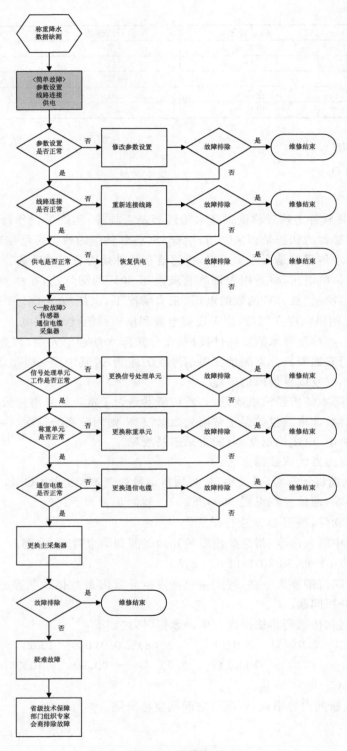

图 D.8　维修流程

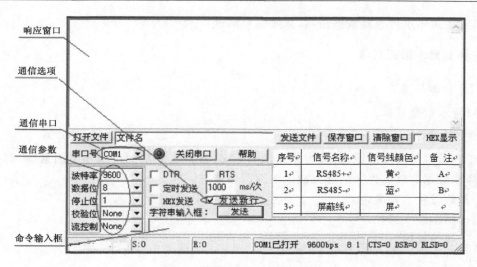

图 D.9　SSCOM32 软件设置图

表 D.5　称重式降水传感器返回数据格式

序号	项目	说明
1	时间	当前数据的年、月、日、时、分。 格式示例:201207301508
2	算法标识	1:采用原始质量计算。 0:采用总降水量值计算。
3	分钟降水量(QC 标识)	分钟降水量:带一位小数,单位:mm QC 标识:两位数字,低位按数据质量标识规定表示,高位为扩展质量标识。
4	小时降水量(QC 标识)	小时降水量:带一位小数,单位:mm QC 标识:两位数字,低位按数据质量标识规定表示,高位为扩展质量标识。
5	质量算法的分钟降水量 (QC 标识)	采用质量算法的分钟降水量:带一位小数,单位:mm QC 标识:两位数字,低位按数据质量标识规定表示,高位为扩展质量标识。
6	总降水量算法的分钟降 水量(QC 标识)	采用总降水量算法的分钟降水量:带一位小数,单位:mm QC 标识:两位数字,低位按数据质量标识规定表示,高位为扩展质量标识。
7	基线质量　(QC 标识)	基线质量:带一位小数,单位:g。
8	修正质量	带一位小数,单位:g。
9	处理单元温度	带一位小数,单位:℃。
10	处理单元工作电压	带一位小数,单位:V。
11	原始 MES1 信息	原始 MES1 信息。
12	结束符	回车换行。

D.5.1.6　恢复测试

(1)使用人工量杯量 10mm 的水,缓缓倒入称重式降水传感器盛水桶中,通过业务软件查看监控界面实时数据,检查称重式降水传感器是否测量为 10mm 左右。

（2）称重式降水传感器数据正常，完成恢复测试。

D.5.2　称重降水数据异常

D.5.2.1　故障现象

称重降水数据异常。

D.5.2.2　故障分析

基于称重测量降水的原理，称重单元性能下降、日常维护不到位或环境因素等，都可能影响称重降水数据的准确性。引起此故障的原因可能有：

（1）参数设置不正确；

（2）传感器缺少维护；

（3）传感器故障。

D.5.2.3　技术依据

称重降水测量信号流向图如图 D.10 所示。

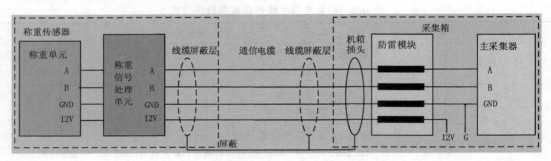

图 D.10　DSC1 型称重式降水传感器测量信号流向图

D.5.2.4　维修流程

维修流程见图 D.11。

D.5.2.5　检测要点

通过 ISOS 软件的维护终端或者直连主采集器，用终端操作命令 SENCO RAW 检查称重式降水传感器的系数是否正常；检查 ISOS 软件中的数据质量控制参数设置。

工作状态检查：打开外壳，首先观察传感器的信号处理单元上的运行指示灯状态，在正常工作时，应当为 1s 亮，1s 暗；如果运行指示灯不正常，应检查信号处理单元上的电源电压，应当为 DC12V±20%。

检查承水口：每个月应检查承水口是否有蛛网及其他堵塞异物。在多雪的季节，应经常检查承水口是否有雪堆积。

维护盛水桶：盛水桶每年至少进行两次维护，一次是在入夏之前，一次是在入冬之前。在降水量多的地区、沙尘严重的地区，维护次数应适当增加。

盛水桶的维护包括以下几个方面：清空、清洗；添加防冻液（在有冰冻的地区，入冬之前应添加）；添加防蒸发油。

电脑直连称重式降水传感器读取数据方法见 D.5.1 称重降水数据缺测中的处理过程。

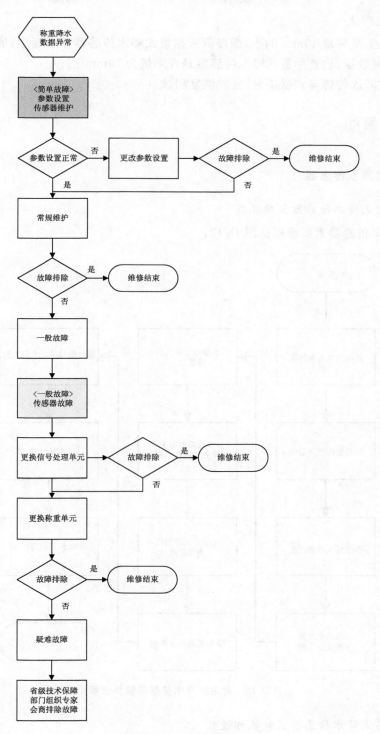

图 D.11　维修流程

D.5.2.6 恢复测试

(1)使用人工量杯量 10mm 的水,缓慢倒入称重式降水传感器盛水桶中,通过业务软件查看监控界面实时数据,检查称重式降水传感器是否测量为 10mm 左右。

(2)称重式降水传感器数据正常,完成恢复测试。

D.6 硬件置换

D.6.1 称重式降水传感器

D.6.1.1 称重式降水传感器置换流程

称重式降水传感器置换流程见图 D.12。

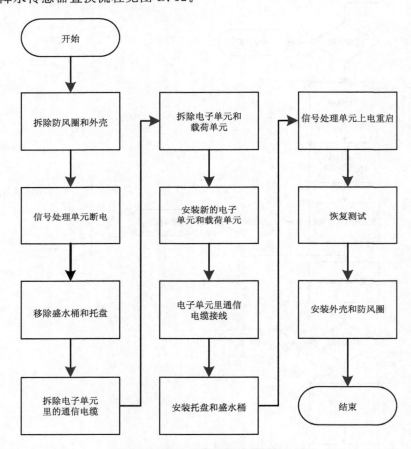

图 D.12 称重式降水传感器置换流程

D.6.1.2 称重式降水传感器置换操作过程

(1)拆除防风圈和外壳。

(2)称重单元断电。

(3)移除盛水桶和托盘。

（4）拆除电子单元接插件上与信号处理单元通信的电缆。

（5）拆除电子单元和载荷元件的固定螺丝并取下。

（6）安装新的电子单元和载荷元件，按照电子单元里接插件的标识对通信电缆进行接线。

（7）将支撑垫块放入载荷元件和下垫块之间，并固定（图 D.13）。

载荷元件是一个压力敏感元件，虽然有一定的抗冲击能力，但是为更好地保护敏感元件，在传感器安装、维护过程中，必须使用支撑垫块作保护。

图 D.13　DSC1 型称重式降水传感器支撑垫块使用图

在未完成传感器安装和维护工作，需要正式通电调试前，千万不能移开支撑垫块，否则可能对载荷元件造成冲击和损害。

（8）安装托盘和盛水桶。

（9）检查传感器电路连接是否正确，相关部件是否固定，确认无误后，接通传感器电源。

（10）恢复测试正常后，安装外壳和防风圈。

D.6.1.3　恢复测试

（1）使用人工量杯量 10mm 的水，缓慢倒入称重式降水传感器盛水桶中，通过业务软件查看监控界面实时数据，检查称重式降水传感器是否测量为 10mm 左右。

（2）称重式降水传感器数据正常，完成恢复测试。

D.6.2　接线端子

接线端子示意图见图 D.14。

自动站主采集器、称重式降水传感器大量使用接线端子连接方式，具体更换步骤如下：

（1）拔出需要置换的接线端子。

（2）旋松接线端子上线缆的固定螺丝，取出卡在接线端子中的线缆，注意记住线序。

（3）更换新的接线端子，将线缆按原顺序插入线孔并旋紧固定螺丝。

（4）把接线端子插入相应的接线端口。

（5）完成接线端子置换。

D.6.3　线缆

主采集器与称重式降水传感器之间使用电缆连接，其中主采集器端采用防水接插件连接，传感器端使用接线端子插接。

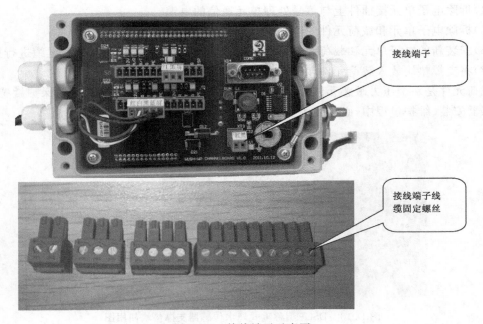

图 D.14　接线端子示意图

　　主采集器端的防水接插件连接,将电缆插头接到机箱上时,不要误拧松了电缆的锁紧螺母,这将导致失去防水作用。可参考图 D.15,用一只手捏紧图示位置,另一只手拧指定的螺母。可以通过推、拧交替的方法来拧紧螺母。

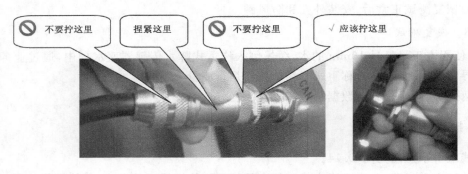

图 D.15　防水接插件连接示意图

　　线缆置换注意事项:
　　(1)要安全地把原线缆从连接处取下,不要损伤连接点保留侧部件的连接性能。
　　(2)新更换上的线缆连接要确保线序正确、连接可靠。
　　(3)原线缆从铺设管道或线槽中取出时不要损伤其他保留线缆。
　　(4)新更换上的线缆要按规范铺设,不要损伤线缆保护层,转弯处要保留适当弧度避免折损芯线,外露部分适当捆扎固定。

D.7　通信命令集

D.7.1　通信方式

DSC1 型称重式降水传感器的通信基于主从方式设计,响应操作终端发送的命令。在安装和维护时可以在现场通过终端输入命令与传感器进行交互。

传感器的默认通信参数为:9600 8 1 N。

D.7.2　命令一览表

DSC1 型称重式降水传感器支持中国气象局编制的《称重式降水传感器功能需求书》(修订版)中规定的命令,见表 D.6。

表 D.6　命令一览表

命令格式	命令含义
SETCOM	通过命令方式设置采集器的通信参数,包括:波特率、数据位、停止位、奇偶校验。
LOGO	显示采集器的基本信息,包括:生产厂商、型号标识、采集器软件的版本号。
DATE	当命令后不带参数时,表示返回自动气象站的日期,带参数时表示设置自动气象站的日期。 时间格式:YYYY-MM-DD
TIME	当命令后不带参数时,表示返回自动气象站的时间,带参数时表示设置自动气象站的时间。 时间格式:hh:mm:ss
DATETIME	同时设置日期和时间。 时间格式:YYYY-MM-DD hh:mm:ss
ID	当命令后不带参数时,表示返回自动气象站的区站号,带参数时表示设置自动气象站的区站号。
RDPR	下载分钟降水观测数据,可指定时间范围。 时间格式:YYYY-MM-DD hh:mm
DMPR	下载分钟降水观测数据和状态数据,可指定时间范围。 时间格式:YYYY-MM-DD hh:mm
QCPS	设置采样值的 QC 参数。
QCPM	设置分钟降水量的 QC 参数。
MASSOVER	设置用于识别溢出报警的质量阈值。
MASSDRAIN	设置用于识别排水的每分钟质量下降阈值。
SAMPLES	以表格形式显示采样数据、状态数据。

D.7.3　分钟降水数据格式(RDPR 命令)

数据总长度为 18 个字节,由表 D.7 所列内容组成,各项目之间用空格分隔(结束符之前不留空格),每个项目采用定长方式,长度不足高位补 0。

表 D.7　分钟降水数据格式

序号	项目	字节数	说　明
1	时间	4	当前数据的时、分。格式示例:1508
2	分钟降水量	3	带一位小数,扩大 10 倍,单位:mm。
3	小时降水量	4	带一位小数,扩大 10 倍,单位:mm。
4	校验和	2	前面所有字符的累加和,取累加和的低字节。如累加和为 0xA25B,则校验和为 0x5B,输出"5B"。
5	结束符	2	回车换行。

D.7.4　分钟和状态数据格式(DMPR)

数据总长度为 78 个字节,由表 D.8 所列内容组成,各项目之间用空格分隔(结束符之前不留空格),每个项目采用定长方式,长度不足高位补 0。

表 D.8　分钟和状态数据格式

序号	项目	字节数	说　明
1	时间	12	当前数据的年、月、日、时、分。 格式示例:201007301508
2	区站号	5	5 位字符的区站号
3	状态标识	4	由四位数字组成,每一位分别表示:数据状态、加热器状态、硬件状态、供电状态。 数据状态:0:数据正常;1:数据不合格;2:数据警告;3:溢出;4:排水。 加热器状态:0:加热器关闭/没有;1:加热器开启;2:加热器故障。 硬件状态:0:硬件正常;1:故障;2:警告。 供电状态:0:正常;1:高;2:低。
4	分钟降水量	3	带一位小数,扩大 10 倍,单位:mm
5	分钟降水量质量标识	1	一位数字,按数据质量标识规定表示。
6	小时降水量	4	带一位小数,扩大 10 倍,单位:mm。
7	小时降水量质量标识	1	一位数字,按数据质量标识规定表示。
8	实时质量	6	带一位小数,扩大 10 倍,单位:g。 含收集容器、收集容器中液体的总质量。
9	主板温度	4	带一位小数,扩大 10 倍,单位:℃。
10	主板工作电压	3	带一位小数,扩大 10 倍,单位:V。
11	附加项	20	扩展预留
12	校验和	2	前面所有字符的累加和,取累加和的低字节。如累加和为 0xA25B,则校验和为 0x5B,输出"5B"。
13	结束符	2	回车换行。

D.8   附图

D.8.1   硬件结构图

硬件结构图见图 D.16。

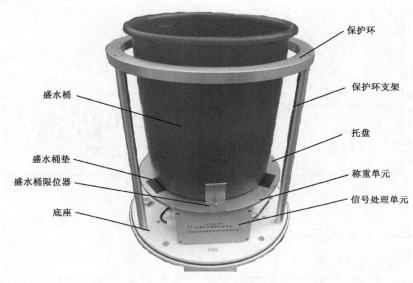

图 D.16   硬件结构图

D.8.2　电气连接图

电气连接图见图 D.17。

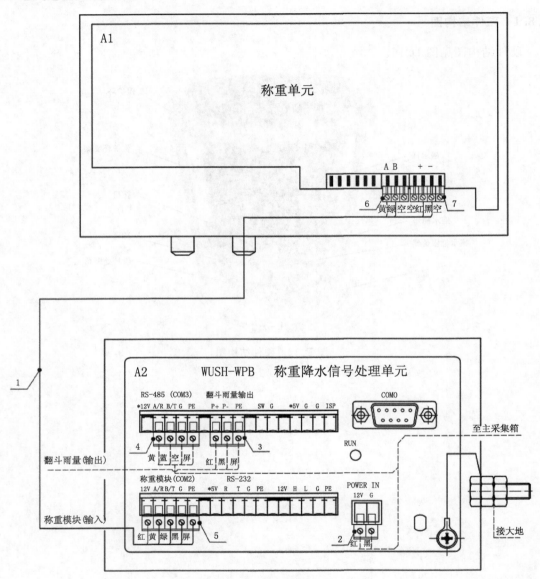

图 D.17　电气连接图

附录 E DNQ1 型前向散射式能见度仪

E.1 设备概况

E.1.1 概述

DNQ1 型前向散射式能见度仪是一种光学传感器,用于测量能见度(气象光学视程/MOR)。该仪器使用前向散射测量原理测量能见度。

E.1.1.1 能见度仪外观

能见度仪由能见度传感器、能见度机箱、安装结构件及附件组成(图 E.1)。

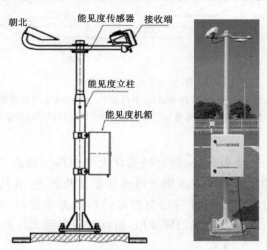

朝北　能见度传感器　接收端

能见度立柱

能见度机箱

图 E.1 能见度仪外观结构图

E.1.1.2 能见度机箱内部结构

机箱内安装空气开关、交流防雷模块、电源转换模块、信号防雷模块、接线排、蓄电池、充电保护模块等部件(图 E.2)。

E.1.2 组成部分功能介绍

E.1.2.1 传感器部分

E.1.2.1.1 传感器结构及测量原理图

传感器结构见图 E.3,测量原理图见图 E.4。

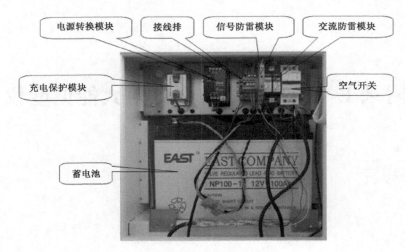

图 E.2　机箱内部结构图

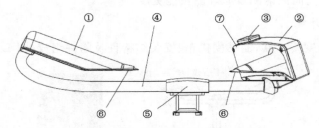

图 E.3　传感器结构图

①发射单元/变送器；②接收单元/接收器；③空白面板；④管中 Pt100 温度传感器；⑤安装座；
⑥护罩式加热器(可选)；⑦亮度传感器 PWL111(可选)的位置

　　发射器由红外发光管产生红外光,通过镜头在大气中形成接近平行的光柱。接收器将采样区内大气特定方向的前向散射光汇集到光电传感器接收面上,并将其转换为与大气能见度成反比关系的电信号。此信号经处理后送至控制器的数据采集板,经 CPU 取样和计算得到采样区内大气特定方向的前向散射光的强度值,由此计算得到大气能见度值。

　　E.1.2.1.2　传感器光学测量

　　传感器测量从 45°角散射的光。此角度对各种类型的自然雾气反应平稳。DNQ1 型的取样容积较小,约为 0.1L(图 E.5)。

　　E.1.2.1.3　传感器发射单元和接收单元

　　发射单元由红外 LED、控制和触发电路、LED 强度监控器和后散射接收单元组成。变送器装置以 2kHz 的频率使 IR-LED 产生脉冲波。光二极管监控发射光的强度,依据测量的发射单元强度级别,自动使 LED 的强度保持为预设值。

　　接收单元由 PIN 光二极管、前置放大器、电压到频率转换器、后散射测量光源 LED 以及一些控制和定时电子器件组成。接收 PIN 光二极管检测从悬浮颗粒散射的发射光脉冲。

E.1.2.2　供电单元

　　供电单元安装在能见度机箱内,其组成及结构图见 E.2。供电单元输入 AC 220V 市电,

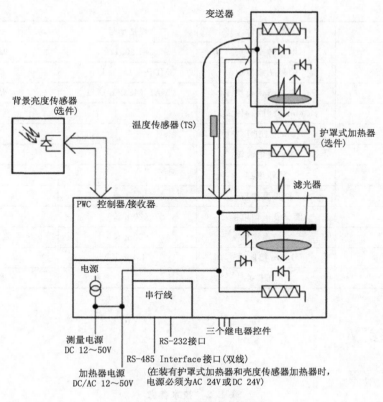

变送器

背景亮度传感器
(选件)

温度传感器(TS)

护罩式加热器
(选件)

滤光器

PWC 控制器/接收器

电源

串行线

三个继电器控件

测量电源
DC 12～50V

RS-232接口

RS-485 Interface接口(双线)

加热器电源
DC/AC 12～50V

(在装有护罩式加热器和壳度传感器加热器时,
电源必须为AC 24V或DC 24V)

图 E.4 传感器测量原理图

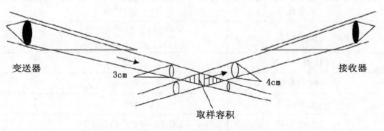

变送器

3cm

4cm

接收器

取样容积

图 E.5 光学测量示意图

额定输出电压为 DC 12V。

E.2 设备配置清单

设备配置清单见表 E.1。

表 E.1 设备配置清单

序号	部件名称	规格型号	备注
1	能见度传感器	DNQ1	禁拆部件
2	铅酸/胶体电池	12V/100AH	

序号	部件名称	规格型号	备注
3	电源转换模块	ML60.122	禁拆部件
4	信号防雷模块	MDP-4/D-12-T-10	禁拆部件
5	交流防雷模块	VAL-MS320/1+1	禁拆部件
6	1.45m 立柱(一体式)		
7	2.8m 立柱(上节)		
8	能见度电源箱		
9	机箱抱箍		
10	能见度抱箍		
11	能见度通信电缆	(20m 长)	
12	交流电源线	(20m 长)	
13	1.5m 接地线	(1.5m 长)	
14	空气开关		禁拆部件

E.3　技术参数

技术参数见表 E.2。

表 E.2　技术参数

序号	项目类型	技术指标	备注
1	测量范围	10~35000m	
2	测量精度	±10%(10~10000m); ±15%(10000~35000m)	
3	仪器一致性	+5%	
4	时间常数	60s	
5	更新间隔	15s	
6	供电范围	DC 12~50V,功耗 3W	
7	亮度传感器	DC 24V,功耗 2W	选配件
8	护罩加热器	DC 24V 或 AC 24V,功耗 65W	选配件
9	传感器供电	DC 12V	
10	接口类型	RS485	
11	通信参数	波特率 4800、校验位无、 数据位 8、停止位 1	

E.4　故障维修索引表

故障维修索引见表 E.3。

表 E.3　故障维修索引表

序号	故障现象	故障原因/部位	故障解决方案	故障级别
1	能见度数据缺测	传感器镜头污染	见 E.5.1	简单故障
		ISOS 软件和采集器参数配置错误		
		电源线、通信线连接线序错误或接触不良		
		交流供电故障	见 E.5.1	一般故障
		电源转换模块故障		
		通信电缆短路或断路		
		防雷模块故障		
		传感器故障		
		主采集器通道故障		
2	能见度数据异常	传感器朝向改变、传感器护罩或横臂产生形变故障	见 E.5.2	简单故障
		附近有影响光学测量的干扰源		
		镜头污染或粘有异物		
		采集器参数配置错误		
		传感器故障	见 E.5.2	一般故障

E.5　故障维修

E.5.1　能见度数据缺测

E.5.1.1　故障现象

能见度数据缺测。

E.5.1.2　故障分析

能见度传感器是智能传感器,其采集、处理后的能见度数据,通过 RS485 串口接入主采集器。引起该故障的原因可能有:

(1)参数配置错误;

(2)电源故障;

(3)能见度传感器故障;

(4)通信电缆故障;

(5)防雷模块故障;

(6)主采集器通道故障。

E.5.1.3　技术依据

能见度测量信号接线图如图 E.6 所示。

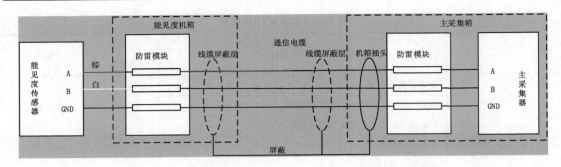

图 E.6　能见度信号接线图

E.5.1.4　维修流程

维修流程见图 E.7。

E.5.1.5　维修要点

维护情况检查：传感器镜头和护罩内侧是否清洁，如污染需擦拭干净。

参数设置检查：检查 ISOS 软件是否挂接能见度传感器（详见 E.7.1）。通过软件发送命令，检查通道是否开启、质控参数配置是否正确（详见 E.7.2）。

连接线路检查：检查能见度传感器供电线路、信号线线序是否正确、接触是否良好。

交、直流供电检查：在线路连接正常情况下，用万用表 DC 20V 挡，分别测量能见度电源箱接线排两端、电源转换模块直流输出端电压。正常情况下，接线排和电源转换模块直流电压应相同，电压值在 DC 10～14.5V 之间。若接线排输入端测量有电压，而输出端无电压，则接线排损坏，需更换；如果电源转换模块 AC 220V 输入正常，而没有输出或低于 DC 10V，通过调整其上电压微调旋钮也无法提高直流电压值，则电源转换模块故障，需更换；若交流电源输入不正常，则需检查交流防雷模块、空气开关、市电交流输入是否正常。

通信电缆检查：断开线缆两端连接，用万用表"蜂鸣挡"测量两两芯线间电阻应为无穷大，否则电缆存在短路故障；在线缆一端两两短接芯线，在另一端测量对应一组芯线应有"蜂鸣"声，否则电缆有断路故障。

传感器检查：外观检查无破损、硬伤情况。通过软件命令响应信息判断传感器状态（详见 E.7.3）。

信号和直流防雷模块故障：断开所有电源，用万用表测量模块输入、输出端应导通并对地断路，否则防雷模块故障。

交流防雷模块故障：该模块故障主要表现为交流接入端对地短路。用万用表测量判断，如短路需更换。

以上检查都正常，则可能是主采集器通道故障。

E.5.1.6　恢复测试

通过业务软件监控界面查看实时数据，与人工观测能见度对比，确定能见度观测数据正常。

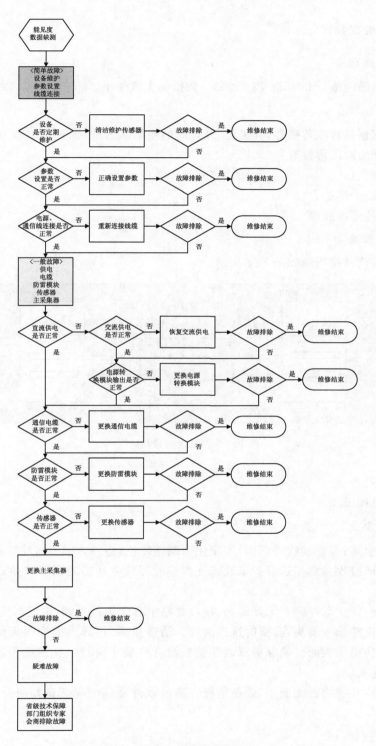

图 E.7　维修流程

E.5.2　能见度数据异常

E.5.2.1　故障现象

传感器输出固定值（如 65535 或 99999）、数据偏大或偏小。

E.5.2.2　故障分析

能见度传感器是智能传感器，其采集、处理后的能见度数据，通过 RS485 串口接入主采集器。引起此故障的原因可能有：

(1)存在干扰源；

(2)能见度缺少维护；

(3)能见度传感器故障。

E.5.2.3　技术依据

能见度测量信号接线图如图 E.8 所示。

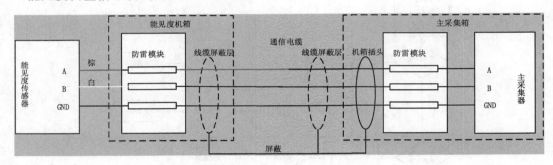

图 E.8　能见度信号接线图

E.5.2.4　维修流程

维修流程见图 E.9。

E.5.2.5　维修要点

朝向、护罩检查：检查接收器朝向，如变化须调整复位；当外力或机械性损伤改变或削弱了光学测量路径（即接收器或变送器护罩或者支撑接收器或变送器的横臂产生形变）时，则必须更换传感器。

干扰源排查：光学取样区有无障碍物，接收光路中有无干扰光源；附近有无污染源。

清洁维护：定期检查镜头，必要时进行清洗。清洗步骤：用异丙醇润湿无绒软布后擦拭镜头，注意不要刮伤镜头表面。确保护罩内和镜头没有冷凝水、树叶、积雪或积冰。擦去护罩内表面和外表面的灰尘。

传感器检查：外观检查无破损、硬伤情况。通过软件命令响应信息判断传感器状态（详见 E.7.3）。

E.5.2.6　恢复测试

通过业务软件监控界面查看实时数据，与人工观测能见度对比，确定能见度观测数据正常。

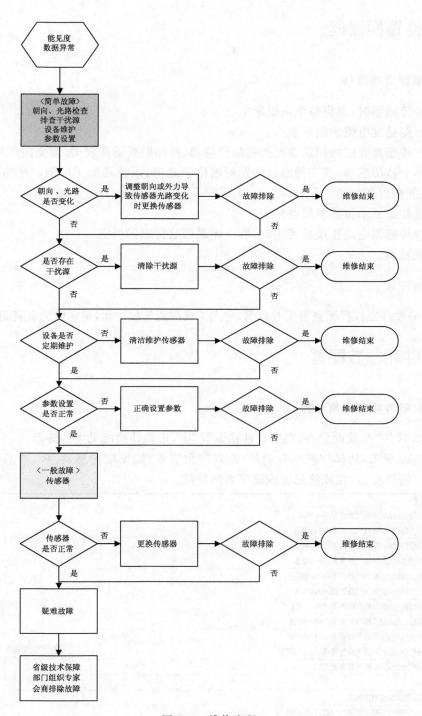

图 E.9　维修流程

E.6 硬件置换流程

E.6.1 传感器置换流程

(1)更换传感器时,先将整个系统断电。

(2)旋开能见度电缆的航空插头。

(3)拆下传感器底座的固定螺丝并移除传感器,移动时要动作轻柔,避免损坏传感器。

(4)替换上新传感器,保证传感器的发射端位于北侧,接收端位于南侧。光路测量采样区安装高度距下垫面 2.8m。

(5)连接并旋紧新传感器航空插头。

(6)检查传感器电路连接是否正确,确认无误后给传感器供电。

(7)完成置换。

E.6.2 恢复测试

通过业务软件监控界面查看实时数据,与人工观测能见度对比,确定能见度观测数据正常。

E.7 软件和参数配置

E.7.1 业务软件中能见度挂接

在 ISOS 软件"参数设置/观测项目挂接设置"中,正确挂接能见度传感器。

如图 E.10 所示,选择"/新型自动站/常规气象要素/能见度传感器"项,在后面小框内勾选(不勾选"/能见度"),完成能见度观测要素的挂接。

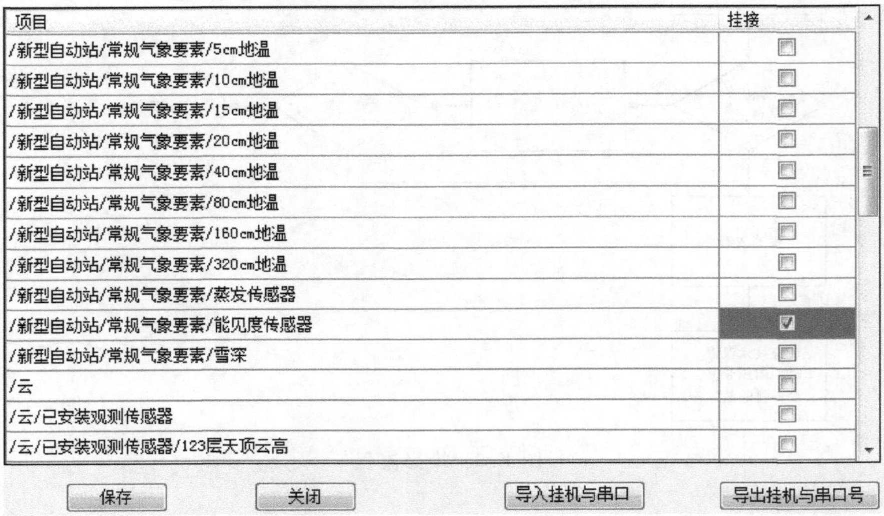

项目	挂接
/新型自动站/常规气象要素/5cm地温	☐
/新型自动站/常规气象要素/10cm地温	☐
/新型自动站/常规气象要素/15cm地温	☐
/新型自动站/常规气象要素/20cm地温	☐
/新型自动站/常规气象要素/40cm地温	☐
/新型自动站/常规气象要素/80cm地温	☐
/新型自动站/常规气象要素/160cm地温	☐
/新型自动站/常规气象要素/320cm地温	☐
/新型自动站/常规气象要素/蒸发传感器	☐
/新型自动站/常规气象要素/能见度传感器	☑
/新型自动站/常规气象要素/雪深	☐
/云	☐
/云/已安装观测传感器	☐
/云/已安装观测传感器/123层天顶云高	☐

保存	关闭	导入挂机与串口	导出挂机与串口号

图 E.10 ISOS 软件能见度传感器挂接示意图

E.7.2　软件查询主采集器能见度通道参数配置

在业务计算机上，通过 ISOS 软件的维护终端或串口调试软件，发送终端操作命令 SENST VI ↙(↙为回车符，下同)检查主采集器能见度通道开启状态。返回值"1"表示能见度通道已开启可正常使用，"0"表示关闭状态。发送 QCPS VI ↙和 QCPM VI ↙命令，检查数据质量控制参数配置是否正确。

(1)SENST 传感器开启状态

若能见度传感器已启用，输入 SENST VI ↙命令查询，正确返回值为〈1〉，"1"表示传感器开启，"0"表示传感器关闭。若能见度传感器未开启，输入 SENST VI 1 ↙开启，返回值〈F〉表示设置失败，〈T〉表示设置成功。

(2)QCPS 传感器测量范围

通过 QCPS VI ↙命令检查传感器测量范围。可配置正确的测量范围，参数：传感器测量范围下限、传感器测量范围上限、采集瞬时值允许最大变化值。

(3)QCPM 质量控制参数

通过 QCPM VI ↙命令检查要素的质量控制参数。可配置正确的测量范围，参数：要素极值下限、要素极值上限、存疑的变化速率、错误的变化速率、最小应该变化的速率。

E.7.3　计算机直连能见度传感器参数配置检查方法

将能见度传感器 RS232 信号线(绿——TX、黄——RX、灰——GND)与计算机串口连接好后，正确设置通信参数(出厂设置为 4800 N 8 1，若已更改则按实际设置)，运行串口调试软件或超级终端软件。传感器上电后，软件回显窗显示"VAISALA PWD20 V 1.07 2005-05-16 SN:C3350001"(示例)。若返回错误或不可识别字符，说明通信参数设置错误，重新检查通信参数设置情况。

输入 OPEN ↙命令开启调试模式，返回信息"PWD OPENED FOR OPERATOR COMMANDS"。再分别输入 PAR ↙、STA ↙、MES ↙，据返回信息判断传感器是否正常。操作结束后，输入 CLOSE ↙命令，关闭调试模式。

若 STA ↙命令返回状态信息中有镜头污染类或硬件故障类提示(见表 E.4、表 E.5)，则需进行镜头清洁维护或更换传感器。

表 E.4　能见度传感器内置系统测试(STA 命令)硬件错误信息释义表

提示信息	表示含义
Backscatter High	接收端或发射端污染信号增加值超过配置参数中设置的阈值
Transmitter Error	LEDI 信号高于 7V 或低于 −8V
±12V Power Error	接收或发送端电源电压低于 10V 或高于 14V
Offset Error	偏频频率<80 或>170(PWC10/20)
Signal Error	信号频率+偏移频率=0，信号频率-偏移频率<−1
Receiver Error	接收端背景光测量信号太弱
Data RAM Error	数据存储器读/写检测出错
EEPROM Error	EEPROM 检验和出错
Ts Sensor Error	温度测量超范围
Luminance Sensor Error	PWL111 信号超范围

表 E.5　能见度传感器内置系统测试(STA 命令)硬件报警信息释义表

报警	表示含义
Backscatter Increased	接收端或发射端污染信号增加值超过配置参数中设置的警告阈值
Transmitter Increased Low	LEDI 信号低于 −6V
Receiver Saturated	AMBL 信号低于 −9V
Offset Drifted	偏移电压飘移
Visibility Not Calibrated	能见度校准系数还未从默认值修改过来

能见度传感器 PAR、STA、MES(内置命令)命令返回信息示例：

MES：显示数据信息命令。

```
＞MES　（显示数据信息）
00 5417 /////　（00 代表状态正常,5417m 表示 1 分钟平均能见度）
```

PAR：系统参数命令。据返回每一项信息判断传感器参数配置是否正确。

```
＞PAR
SYSTEM PARAMETERS
VAISALA PWD20 V 1.07   2005-05-16 SN：C3350001
ID STRING：
AUTOMATIC MESSAGE   0 INTERVAL   0
BAUD RATE：4800   N81
ALARM LIMIT 1          0
ALARM LIMIT 2          0
ALARM LIMIT 3          0
RELAY MODE          0
RELAY ON DELAY      5 OFF DELAY      5
OFFSET REF   142.80
CLEAN REFERENCES
TRANSMITTER   −0.8 RECEIVER          830
CONTAMINATION WARNING LIMITS
TRANSMITTER   1.5 RECEIVER          500
CONTAMINATION ALARM LIMITS
TRANSMITTER   5.0 RECEIVER          1000
SIGNAL SCALE 1   1.351
DAC MODE：LINEAR
MAX VIS   35000, 20.0mA
```

```
MIN VIS        10,4.0mA
20mA SCALE_1  185.8,SC_0       0.9
1mA  SCALE_1 3950.9,SC_0       9.9
```

STA:内置系统测试命令,测试结果作为状态信息,常用来判断传感器故障原因。

```
1.
>STA （状态信息）
PWD STATUS
VAISALA PWD20 V 1.07  2005-05-16 SN:E3860006
SIGNAL       0.83 OFFSET     149.99 DRIFT       0.98
REC. BACKSCATTER      964   CHANGE      43
TR. BACKSCATTER      −1.1   CHANGE   −0.2
LEDI    3.4   AMBL     −1.4
VBB    12.5   P12     11.4   M12      −11.3
TS    13.1   TB        10
HARDWARE：OK        （硬件检测正常）
2.
>STA
PWD STATUS
VAISALA PWD50 V 2.05  2012-03-27 SN:L4721043

SIGNAL       0.93 OFFSET     142.57 DRIFT      −0.24
REC. BACKSCATTER      840   CHANGE * −7753
TR. BACKSCATTER      −0.7   CHANGE   −0.0
LEDI    3.1   AMBL     −1.0
VBB    12.4   P12     11.4   M12      −11.2
TS    19.5   TB        18
HOOD HEATERS ON
HARDWARE： BACK SCATTER HIGH(硬件报警:后散射高——
指接收机或发射机污染信号超过配置的 ALARM 界限)
```

　　状态信息中 HARDWARE 项返回值非"OK"时,表示传感器自检发现硬件故障。其他项返回值前如有 * 号,则表明该状态数据超出界限值,需进一步查找是参数配置错误原因,还是硬件故障导致。

E.8　附图

E.8.1　能见度仪接线图

能见度仪接线图见图 E.11。

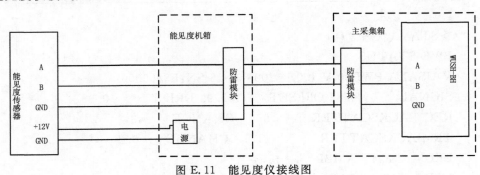

图 E.11　能见度仪接线图

E.8.2　能见度仪供电单元接线图

能见度仪供电单元接线图见图 E.12。

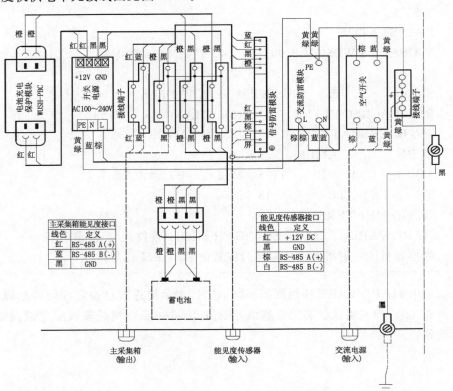

主采集箱能见度接口	
线色	定义
红	RS-485 A(+)
蓝	RS-485 B(-)
黑	GND

能见度传感器接口	
线色	定义
红	+12V DC
黑	GND
棕	RS-485 A(+)
白	RS-485 B(-)

图 E.12　能见度仪供电单元接线图

附录 F　　DPZ1 型综合集成硬件控制器

F.1　设备概况

F.1.1　概述

　　DPZ1 型综合集成硬件控制器是通信传输设备,主要功能是实现对观测场内新型自动气象站、能见度仪、天气现象仪、辐射观测站等设备的集约化管理,将各设备观测数据的 RS232/485/422 传输模式转换至以太网传输模式,再通过光电转换器实现电信号和光信号的相互转换,最后通过配套软件在业务计算机上模拟出多个虚拟串口,通过网络方式实行对各个串口设备的独立管理。

　　DPZ1 型综合集成硬件控制器主要包括:DPZ1 型综合集成硬件控制器主机(通信控制模块)、供电系统、多模传输光纤、通信转换单元、计算机驱动软件等。

F.1.2　设备外观及结构

F.1.2.1　布局示意图

　　DPZ1 型综合集成硬件控制器包括室外部分和室内部分,其中室外部分主要为供电系统、综合集成硬件控制器主机、光纤以及相应的安装结构,室外安装示意图如图 F.1 所示。室内部分主要是通信转换单元。

图 F.1　DPZ1 型综合集成硬件控制器室外部分布局示意图

F.1.2.2 组成结构图

DPZ1 型综合集成硬件控制器组成结构如图 F.2 所示。

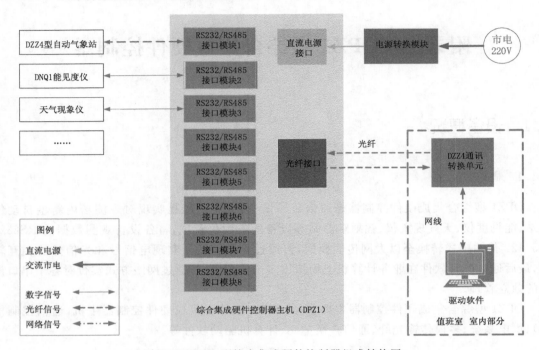

图 F.2 DPZ1 型综合集成硬件控制器组成结构图

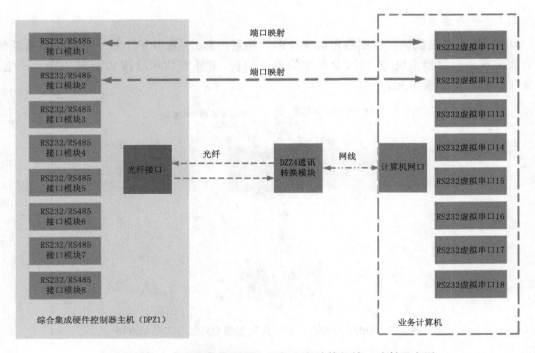

图 F.3 综合集成硬件控制器主机与业务计算机端口映射示意图

业务计算机通过驱动软件虚拟出 8 个串口(例如:串口 11 至串口 18),与综合集成硬件控制器主机的 8 个 RS232/RS485 建立一一对应关系,如图 F.3 所示,各组映射彼此独立,可相互替代。

F.1.3 组成部分功能介绍

F.1.3.1 DPZ1 型综合集成硬件控制器主机

DPZ1 型综合集成硬件控制器主机内置嵌入式操作系统,通过彼此独立的串口传输模块与观测场的设备进行通信,并在内部进行光/电信号转换,将电信号转化为光信号从光纤接口输出,或将光纤接口输入的光信号转为电信号从串口传输模块输出,从而实现观测设备的集中管理,用一个接口实现业务计算机与多个观测设备间的数据通信。

DPZ1 型综合集成硬件控制器主机采用 DC 9~15V 供电,具有 8 个可灵活配置并可手动拔插的串口传输模块(支持 RS232/485/422 通信方式),4 个 RJ45 接口(其中 1 个为 8 串口转以太网接口,3 个为以太网光纤转换接口),1 组光纤收发接口(支持 1300nm 多模光纤),1 个 RS232 调试接口,2 个 USB 接口和 1 个 SD 卡插槽。面板及接口介绍见图 F.4、图 F.5,内部电路板见图 F.6,各指示灯功能描述见表 F.1。

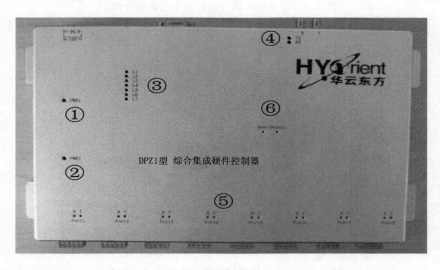

①PWR1:电源指示灯　　④Tx:光纤数据发送指示灯　⑥Reset:系统复位按键
②PWR2:电源指示灯　　　Rx:光纤数据接收指示灯　　Default:恢复出厂调置按键
③L1:系统启动指示灯　　⑤R:串口数据接收指示灯
　L7:恢复出厂设置指示灯　T:串口数据发送指示灯

图 F.4 综合集成硬件控制器主机面板介绍

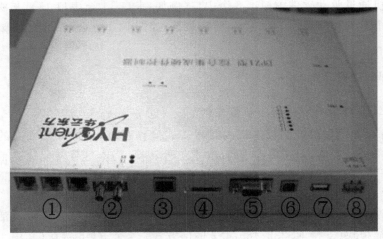

①RJ45接口（以太网转光纤）　　　　⑤RS-232 DB9母口（调试接口）
②ST光纤收发接口（1300nm多模光纤）　⑥USB母口（B型）（调试接口）
③RJ45接口（8串口转以太网）　　　　⑦USB母口（A型）（预留）
④SD卡插槽（数据存储）　　　　　　⑧3位可插拔接线端子（DC9～15V供电接口）

图 F.5　综合集成硬件控制器主机接口介绍

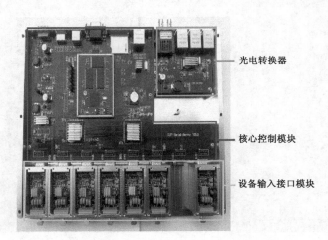

图 F.6　综合集成硬件控制器主机内部电路板

表 F.1　DPZ1 型综合集成硬件控制器主机面板指示说明

序号	面板标识	功能描述
1	PWR1	主电路电源指示灯,设备正常工作时常亮
2	PWR2	8 路输入串口供电电源指示灯,设备正常工作时常亮
3	L1	设备启用正常运行后闪烁,系统启动指示灯
	L7	恢复出厂设置指示灯,恢复出厂设置成功后闪烁 1 次
4	Tx	光纤数据发送指示灯,通信正常时常亮
	Rx	光纤数据接收指示灯,通信正常时闪烁

续表

序号	面板标识	功能描述
5	R	串口数据接收指示灯,有数据传输时闪烁
	T	串口数据发送指示灯,有数据传输时闪烁
6	Reset	系统复位按键,长按 1 秒钟系统重启
	Default	恢复出厂设置按键,长按 5 秒钟恢复出厂设置成功

串口传输模块支持三种串行通信方式的动态切换,可灵活配置,并可手动拔插,同时在内部采用光电隔离,使得设备与系统之间只有光传送,没有电接触,可抑制电磁干扰和浪涌。串口传输模块接头外观见图 F.7,通信线接口说明见表 F.2。

①可插拔RS-232/485/422接头
②5位可插拔接线端子（接入观测设备）
③DB9母口（引脚自定义）（接入可插拔RS-232/485/422接头）

图 F.7　串口传输模块外观

表 F.2　串口传输模块通信线接口说明

脚号	1	2	3	4	5
定义	GND	422RX−	422RX+/232TXD	422TX−/485A−	422TX+/485A+/232RXD

F.1.3.2　供电系统

DY05 供电系统由四部分组成,分别是空气开关、交流防雷器、电源转换模块和蓄电池,如图 F.8 所示。

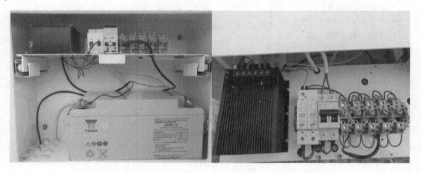

图 F.8　DY05 供电系统

工作原理如图 F.9 所示。电源转换模块将外部提供的 220V 交流市电转换为直流 13.8V,一方面给蓄电池充电,一方面给负载供电。当没有外部交流电时,电源转换模块用蓄电池电量为负载供电,确保负载正常工作,当蓄电池电压低于 10.8V 时,电源转换模块断开供电,避免电池过渡放电报废。

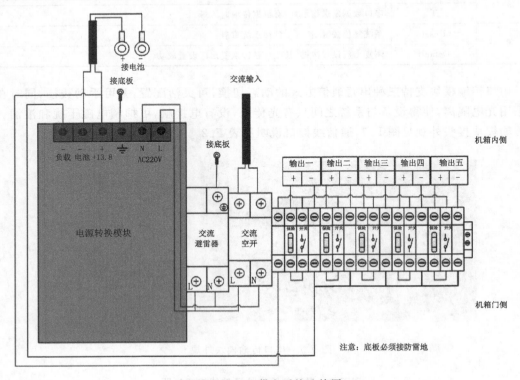

图 F.9　DY05 供电系统连接图

F.1.3.3　传输光纤

综合集成硬件控制器至值班室之间的信号通过光纤进行传输,与 DPZ1 型综合集成硬件控制器主机匹配的光纤规格为 62.5/125 多模光纤。如图 F.10 所示,将光纤一端的 ST 插头接入机箱内主机的 T、R 光纤接口,另一端接入室内通信转换单元的 R、T 光纤接口。

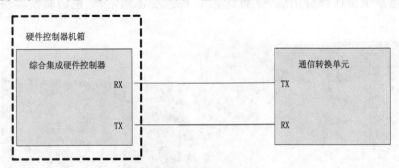

图 F.10　光纤两端对应连接接线图

F.1.3.4　通信转换单元

通信转换单元主要包括交流电源适配器、光电转换模块和以太网线三部分,如图 F.11 所示。

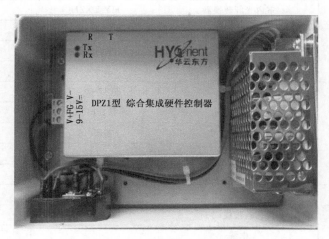

图 F.11　通信转换单元

光电转换模块放置通信转换盒内,实现 100Base-TX(RJ45)和 100Base-FX(光纤信号)的转换,通过光纤与室外通信控制模块连接通信,采用 DC 9~15V 供电,具有 3 个 RJ45 接口和 1 组 ST 光纤收发接口,3 个 RJ45 接口支持 10/100M、全双工、半双工自适应。光纤接口采用 ST 接头,支持 1300nm 多模光纤。光电转换模块外观及接口介绍见图 F.12。

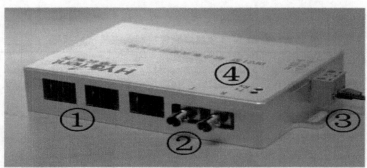

①RJ45接口（以太网转光纤）
②ST光纤发收发接口（1300nm多模光纤）
③3位可插拔接线端子（DC9～15V供电接口）
④Tx:光纤数据发送指示灯
　Rx:光纤数据接收指示灯

图 F.12　光电转换模块外观及接口介绍

F.2　设备配置清单

设备配置清单见表 F.3。

表 F.3　设备配置清单

部件分类	部件名称	部件型号	备注
通信	综合集成硬件控制器主机	DPZ1	禁拆部件
	室内光纤转换器	HY-TXZH	
	串口传输模块	STM	禁拆部件
	光纤	62.5/125	
	网线		
供电单元	空气开关	DZ47-60 C3	
	交流防雷模块	HY-FL01	
	电源转换模块	朝阳 2A	
	保险管	2A	
	蓄电池	12V 65Ah	
外围部件	机箱	DY05	
其他	可插拔接线端子		
	电缆		

F.3　技术参数

F.3.1　DPZ1 型综合集成硬件控制器主机技术指标

DPZ1 型综合集成硬件控制器主机技术指标见表 F.4。

表 F.4　DPZ1 型综合集成硬件控制器主机技术指标

序号	参数	技术指标
1	通信参数	①波特率：115200、57600、38400、19200、9600、4800、2400、1200(初始默认 9600)； ②数据位：5、6、7、8； ③检验位：Nove、Even、Odd、Space、Mark； ④停止位：1、1.5、2； ⑤工作方式：RS232/485/422。
2	通信接口	①8 个可插拔串口传输模块(支持 RS232/485/422 通信方式，默认 RS232)； ②4 个 RJ45 接口(其中 1 个为 8 串口转以太网接口，3 个为以太网转光纤接口)； ③1 组 ST 光纤收发接口(支持 1300nm 多模光纤)； ④1 个 RS232 DB9 母口(调试口)； ⑤1 个 USB 母口(B 型)(调试口)； ⑥1 个 USB 母口(A 型)(预留)； ⑦SD 卡插槽(数据存储)。
3	指示灯	①2 个电源指示灯； ②7 个状态指示灯； ③8 个 RS232/485/422 接口通信指示灯； ④2 组 ST 光纤收发接口通信指示灯(通信控制模块和光电转换模块)。

续表

序号	参数	技术指标
4	按键	①1 个系统复位按键； ②1 个恢复出厂设置按键。
5	通信距离	内部集成了光纤接口，室内配备以太网光纤转换器实现 100Base-TX(RJ45)和 100Base-FX(光纤信号)的转换； 最大有线传输距离：≥500m。
6	通信防雷	内部采用光电隔离和浪涌保护，可抑制电磁干扰。
7	供电电源	单向交流 220V(50Hz)±10%。
8	电气性能	整机功耗＜8W；串口数据缓存大小 7kB；存储卡容量 1GB。
9	环境适应性	工作环境温度：−40～60℃。

F.3.2　通信转换单元技术参数

通信转换单元技术参数见表 F.5。

表 F.5　通信转换单元技术参数

序号	参数	技术指标
1	通信接口	3 个 RJ45 接口(以太网接口) 1 组 ST 光纤收发接口(支持 1300nm 多模光纤)
2	按键	1 个交流电开关(内置保险)
3	供电电源	单相交流 220V(50Hz)±10%；
4	环境适应性	工作环境温度：−40～+60℃ 存储温度：−50～+60℃ 相对湿度：10%～95%；防尘防水：IP65

F.4　故障索引表

故障索引表见表 F.6。

表 F.6　故障索引表

序号	故障现象	故障原因/部位	故障解决方案	故障级别
1	单通道接入设备无数据	ISOS 软件配置错误； 相应串口配置错误； 接入设备故障； 接入设备与串口传输模块的连接故障。	见 E.5.1.4	简单故障
		接入设备到综合集成硬件控制器的电缆故障； 串口传输模块故障。	见 E.5.1.4	一般故障

序号	故障现象	故障原因/部位	故障解决方案	故障级别
2	接入设备全部无数据，且 Ping 不通设备	网卡故障； 网线故障； 网线与网口连接不良； 光纤连接接反； 通信转换单元供电故障。	见 E.5.2.4.1	简单故障
		通信转换单元光电转换器故障； 光纤故障； 综合集成硬件控制器主机供电电源故障； 综合集成硬件控制器主机故障。	见 E.5.2.4.1	一般故障
3	接入设备全部无数据，能 Ping 通设备	comtonet、nettocom 服务未开启或丢失； ISOS 软件配置或运行不正常； 局域网内驱动冲突驱动； 软件 SMOPORT 异常； 综合集成硬件控制器虚拟串口状态不正常或串口配置信息错误。	见 E.5.2.4.3	简单故障
		综合集成硬件控制器主机故障。	见 E.5.2.4.3	一般故障
4	电源系统故障	市电输入异常； 空气开关意外跳闸。	见 E.5.3	简单故障
		空气开关故障； 电源转换模块故障； 蓄电池故障； 断路、短路故障。	见 E.5.3	一般故障

F.5　故障维修

F.5.1　单通道接入设备无数据

F.5.1.1　故障现象

某通道接入设备无数据，或数据时有时无（补收完整），其他通道接入设备数据正常。

F.5.1.2　故障分析

因其他通道接入设备数据正常，可判断综合集成硬件控制器主机的供电、核心控制模块和光电转换部分、光纤通信及室内硬件正常。引起此故障的原因可能有：

（1）ISOS 软件通信参数配置错误；

（2）驱动软件相应串口配置错误；

（3）接入设备故障；

（4）接入设备与串口传输模块的连接故障；

(5)串口传输模块故障。

F.5.1.3　技术依据

(1)ISOS 软件通信参数配置见图 F.13。

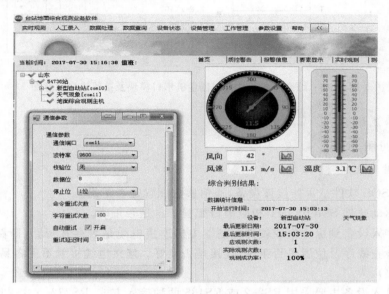

图 F.13　ISOS 软件通信参数配置

(2)驱动软件 SMOPORT 设备串口信息配置见图 F.14。

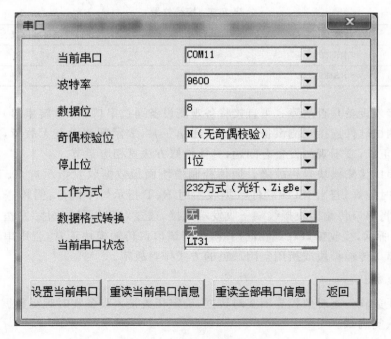

图 F.14　设备串口信息配置

(3)综合集成硬件控制器主机串口模块及接线线序示意图见图 F.15。

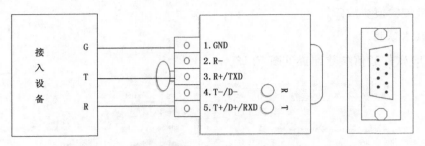

图 F.15　综合集成硬件控制器主机串口模块及接线线序示意图

F.5.1.4　维修流程

维修流程见图 F.16。

F.5.1.5　检测要点

(1)检查 ISOS 软件是否挂接该设备,通信参数配置是否正确。

(2)检查驱动软件 SMOPORT 相应串口配置信息是否正确。

(3)检查接入设备到综合集成硬件控制器主机连接电缆是否存在短路、断路、裸露或接触不良的情况;检查线序及位置是否正确,连接是否良好。连接电缆接触不良容易造成数据时有时无(补收完整)。

注:目前接入设备主要采用 RS232 或 RS485 两种接入方式,RS232 方式采用收、发交叉接入(Tx→Rx,Rx→Tx)方式,RS-485 方式采用直连(A→A,B→B)方式接入。接线位置见表 F.7。

表 F.7　接线位置

接入方式	串口模块接线位置
RS232	1,3,5
RS485	1,4,5

(4)检查接入设备是否故障。可直接将各观测设备通过串口(USB 转串口)接到笔记本电脑上,用串口调试软件连接观测设备。如连接通信正常,表示观测设备无故障,如无返回结果或命令接收不正确,表示观测设备有问题,具体检修方法见相应章节。

(5)检查串口传输模块是否故障。通信控制模块面板数据收发指示灯 R、T,在正常连接情况数据收发时闪烁,若当 ISOS 软件数据收发时 R、T 指示灯不闪烁,需检查设备串口传输模块好坏。可将串口传输模块接线端子收发端短接,通过"串口调试软件"发送任意字符或数字,如图 F.17 所示,接收窗口收到相同内容,说明该串口传输模块正常,否则串口传输模块故障,可用更换串口传输模块或换用空闲通道的方式排除故障。

F.5.1.6　恢复测试

(1)通过业务软件查看监控界面实时数据,确定相关接入设备实时观测数据正常。

(2)完成恢复测试。

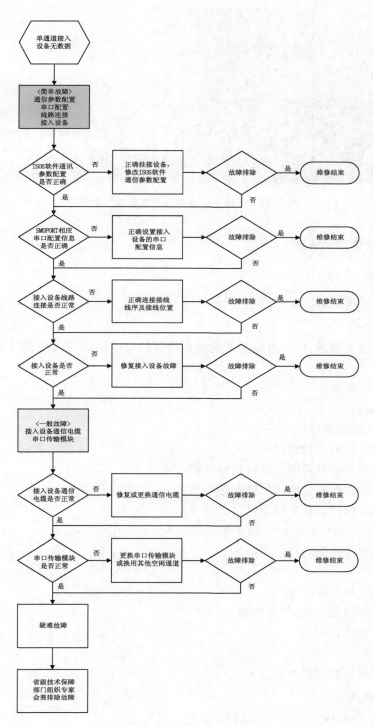

图 F.16　维修流程

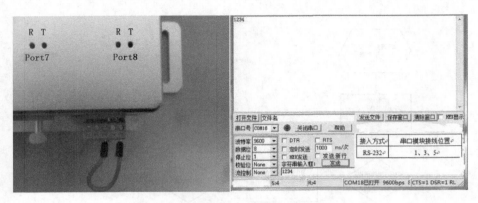

图 F.17　短接端子及串口调试软件示意图

F.5.2　接入设备全部无数据

F.5.2.1　故障现象

接入设备全部无数据。

F.5.2.2　故障分析

全部接入设备无数据,应重点检查影响公共通信的软件系统、参数配置、硬件系统及线路连接等。

可能引起的故障点:

(1)软件故障

1)ISOS 软件配置错误;

2)计算机网络参数配置错误;

3)综合集成硬件控制器驱动软件运行异常;

4)综合集成硬件控制器虚拟串口状态不正常;

5)综合集成硬件控制器串口配置信息错误;

6)计算机 comtonet,nettocom 两个服务状态未开启;

7)局域网内驱动冲突。

(2)硬件故障

1)室内光电转换模块故障;

2)网线及光纤连接故障、网卡故障;

3)供电系统故障;

4)光纤中断;

5)综合集成硬件控制器主机故障。

F.5.2.3　技术依据

技术依据见图 F.18。

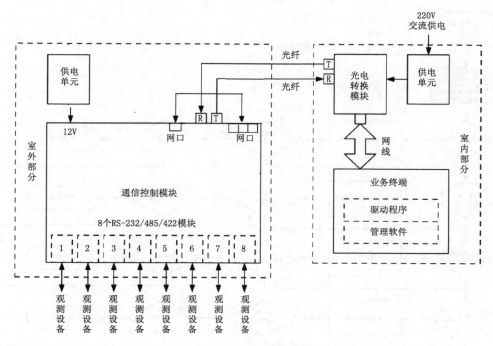

图 F.18　技术依据

F.5.2.4　维修操作

在计算机上 Ping 综合集成硬件控制器的 IP 地址,查看网络是否联通(开始→运行→在文本框输入 Ping ×.×.×.×-t),分别按照 Ping 不通设备(超时)和 Ping 通设备,进行维修操作。业务用机 Ping 综合集成硬件控制器地址时,如果存在延时过大、丢包较多的情况,参照"Ping 不通设备"故障处理。

F.5.2.4.1　Ping 不通设备维修流程

Ping 不通设备维修流程见图 F.19。

F.5.2.4.2　Ping 不通设备检测要点

(1)检查网络配置,查看 RJ45 网口指示灯是否闪烁,检查网线连接是否正常,检查网线、网卡是否故障。

(2)检查通信转换单元供电情况,如果交流输入不正常,修复市电输入。如果交流输入正常,直流输出不正常,需更换电源转换模块。

(3)检查光纤连接情况(正常状态:TX 常亮、RX 闪亮)。如光纤指示灯 TX、RX 不亮,断电重启设备,在上电时观察光纤指示灯是否闪烁,若闪烁说明光纤指示灯没有损坏。使用测光笔等工具检查光纤是否正常。用替换法排除光电转换器故障。

(4)查看综合集成硬件控制器主机面板 PWR1 和 PWR2 指示灯状态,常亮表示供电正常。若同时不亮,检查电源插头连接情况、检查供电电源的电压是否达到 DC 9~13V,如图 F.20 所示。在供电正常的情况下,PWR1 和 PWR2 指示灯同时或单独熄灭,如设备能够正常工作,说明电源指示灯损坏;如设备不能正常工作,则综合集成硬件控制器主机故障。

(5)检查通信控制模块面板系统状态指示灯 L1 灯,L1 闪烁表示通信控制模块运行正常,

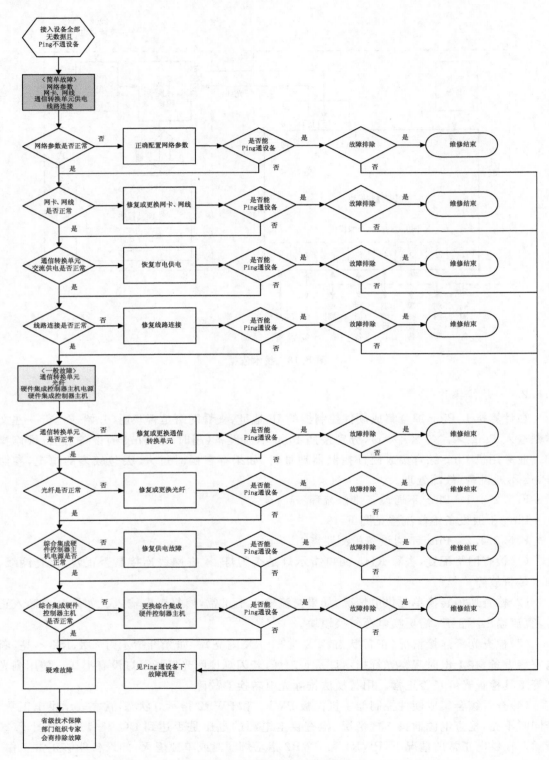

图 F.19　Ping 不通设备维修流程

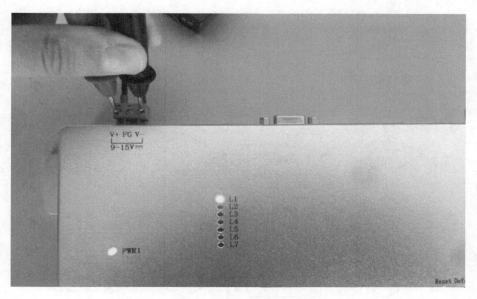

图 F.20　供电电压测量示意图

如不亮,表示系统未启动,使用一根回形针插入 RESET 孔内,长按 1 秒钟,对综合集成硬件控制器主机复位,或断电重启,如仍不正常,可按面板 default 按键,长按 5 秒钟,强制将综合集成硬件控制器主机恢复到出厂设置,正确配置有关参数后,如仍不正常,更换综合集成硬件控制器主机。

F.5.2.4.3　Ping 通设备维修流程

Ping 通设备维修流程见图 F.21。

F.5.2.4.4　Ping 通设备检测要点

(1)当数据没有收发时,需要检查 comtonet,nettocom 两个服务的状态是否开启。驱动软件 SMOPORT 升级或业务机上开启杀毒软件均可导致网络通信服务 comtonet,nettocom 丢失,网络通信服务丢失后需重新安装 SMOPORT 软件。

(2)检查 ISOS 软件配置是否正确。关闭 ISOS 软件,打开串口调试软件,选择相应的端口号直接向设备发送合法指令,若应答正常,则说明业务软件存在问题,重新检查 ISOS 软件配置或重新安装软件。

(3)一个局域网内只允许一台电脑访问综合集成硬件控制器,否则会导致数据收发异常。另外,Windows 防火墙关闭的情况下,能保证设备数据的稳定传输。建议关闭 Windows 防火墙。

(4)驱动软件 SMOPORT 能够正常连接设备,但无数据传输。应检查设备端口 8000 与网络通信服务两端口 4002、4004 是否建立连接。可使用 netstat 命令进行测试,操作步骤指令操作步骤:开始→搜索窗口输入 cmd,在文本框输入 netstat ×.×.×.×。后缀为 ESTAB-LISHED 表示连接正常,否则连接不正常需更换综合集成硬件控制器 IP 地址。

(5)驱动软件 SMOPORT 连接设备情况。在 Ping 命令能够 Ping 通设备的情况下驱动软件 SMOPORT 连接异常,需重新安装;检查驱动软件 SMOPORT 虚拟串口是否正常。

(6)驱动软件 SMOPORT 连接成功后,需检查相应串口配置信息,需正确配置通信方式及

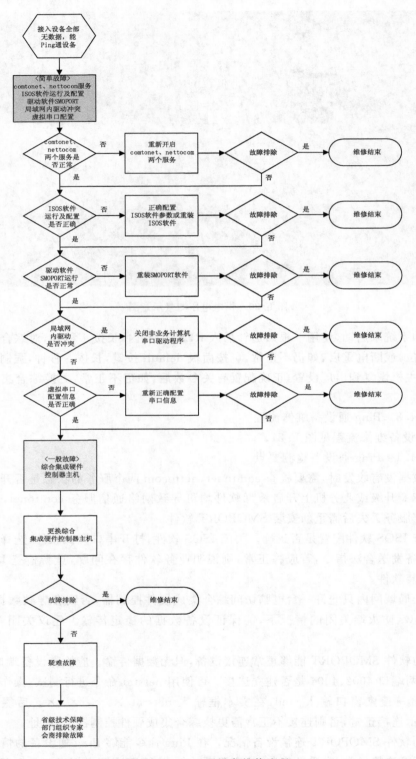

图 F.21　Ping 通设备维修流程

波特率等信息。

（7）经以上检查，仍不能排除故障，需更换综合集成硬件控制器主机。

F.5.2.5　恢复测试

（1）通过业务软件查看监控界面实时数据，确定相关接入设备实时观测数据正常。

（2）完成恢复测试。

F.5.3　电源系统故障

F.5.3.1　故障现象

电源系统直流输出异常。

F.5.3.2　故障分析

电源系统可分交流、直流两部分。首先检查自动站交流电输入是否正常，然后排查因器件故障或线路连接错误引起的空气开关闭合失败；直流部分主要排查因器件故障或线路连接错误造成的电源转换模块过流保护，没有直流输出。

注意：市电的电压为 AC 220V，具有一定的危险性，在检修过程中注意安全。

引起该故障的原因可能有：

（1）市电输入异常；

（2）自动站空气开关故障或意外跳闸；

（3）刀片开关故障、保险管熔断；

（4）电源转换模块故障；

（5）自动站蓄电池故障；

（6）因器件或连接线路引起的断路、短路故障。

F.5.3.3　技术依据

如图 F.22 所示，电源转换模块（交流充电控制器）输出 DC 13.8V 左右。

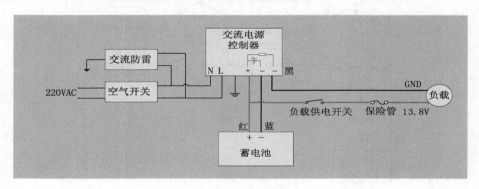

图 F.22　技术依据

F.5.3.4　维修流程

维修流程见图 F.23。

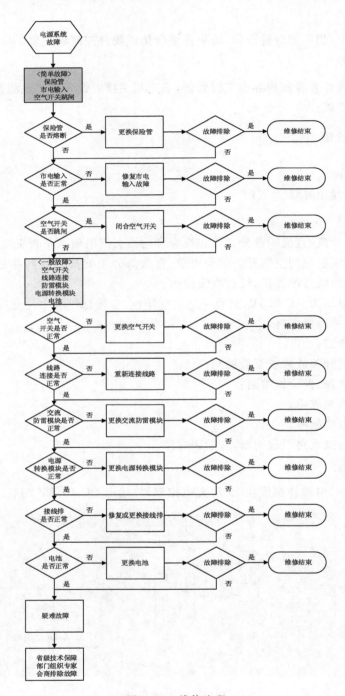

图 F.23　维修流程

F.5.3.5　检测要点

检查市电输入是否正常:用万用表 AC 挡测量空气开关输入端电压是否为 220V±20%,若不是,依次检查输入市电线路、UPS 等。

　　检查空气开关是否跳闸：检查空气开关是否在 ON 位置，若不是，尝试做合闸处理。若合闸失败则应检查交流防雷模块、电源转换模块及连接线路，排除短路引起的故障。

　　如果空气开关闭合后，输出电压不正常，则空气开关故障需更换。如果空气开关输出电压正常，电源转换模块交流输入端无 AC 220V，检查交流部分线路连接找到断路点并修复。

　　检查电源转换模块是否正常：电源转换模块额定输出 DC 13.8V，如果电源转换模块交流电压输入正常，而直流输出异常，首先检查排除直流线路的短路故障以免烧毁电源转换模块。如果确认无短路故障而电源转换模块直流输出异常，则电源转换模块故障需更换。

　　如果电源系统直流输出异常，依次测量刀片开关、保险管、直流电源接线排的输入输出端的 DC 13.8V 是否正常，排查找出引起直流供电异常的故障器件或不良连接。注意保险管座上的指示灯正常情况下不亮，如果红色常亮则保险管熔断需更换。

　　供电单元的蓄电池在达到使用寿命或者过度放电后性能下降，会导致失去后备电源的功能，需更换同规格蓄电池。

F.5.3.6　恢复测试

　　电源系统输出 DC 13.8V 左右，负载正常运行，则电源系统故障恢复。

F.6　硬件置换

　　硬件置换首先要保证人身安全，其次要避免损坏硬件设备。置换时注意以下几点：（1）要防静电；（2）要在系统断电状态下进行；（3）操作过程中不能损伤邻近部件；（4）新更换部件必须原位固定牢固；（5）通电之前要全面检查。硬件置换主要涉及 DPZ1 型综合集成硬件控制器主机、串口传输模块、室内光电转换模块、电源系统及各种连接电缆等。

F.6.1　DPZ1 型综合集成硬件控制器主机

　　DPZ1 型综合集成硬件控制器主机示意图见图 F.24。

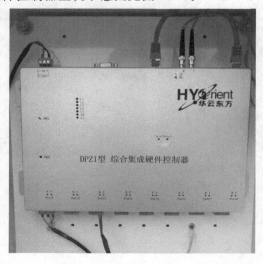

图 F.24　DPZ1 型综合集成硬件控制器主机示意图

F.6.1.1　置换流程

（1）断开交、直流电源，拔下左上角绿色供电端子。

（2）从光纤收发接口拔下光纤，从两个 RJ45 接口分别拔下网线。

（3）将连接设备的接线端子从 Port 口上依次拔下。

（4）先拆下底部两个固定螺丝，再拆上部两个固定螺丝，将 DPZ1 型综合集成硬件控制器主机取下。

（5）将新的综合集成硬件控制器主机固定到机箱底板上，并将四角的固定螺丝紧固。

（6）将短网线、光纤、设备接线端子、供电端子依次接回原位置，注意光纤收发不要接反。

（7）检查全部接线，确保线序正确，接触良好。

（8）闭合刀片开关，打开空气开关，观察综合集成硬件控制器主机工作状态是否正常。重新对综合集成硬件控制器进行相应参数配置。

（9）完成综合集成硬件控制器主机置换。

F.6.1.2　恢复测试

（1）通过业务软件查看监控界面实时数据，确定相关接入设备实时观测数据正常。

（2）完成恢复测试。

F.6.2　串口传输模块

串口传输模块示意图见图 F.25。

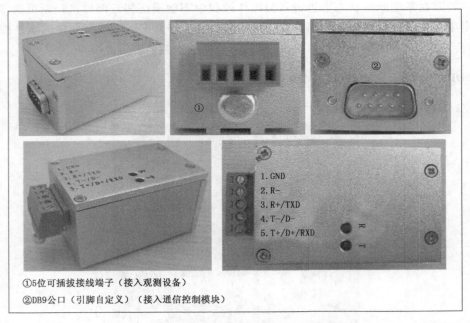

①5位可插拔接线端子（接入观测设备）

②DB9公口（引脚自定义）（接入通信控制模块）

图 F.25　串口传输模块示意图

F.6.2.1　硬件置换流程

（1）断开交、直流电源。

（2）将 Port1 口至 Port8 口上的接线端子拔下，拔下后露出挡条的两个安装螺丝。

（3）依次拆下固定挡条的三个固定螺丝，取下挡条。

（4）将拟更换串口传输模块从综合集成硬件控制器上慢慢拔下。

（5）将新的串口传输模插回到相应的 Port 口上，安装并固定挡条，将 Port1 口至 Port8 口上的接线端子按原顺序插回。

（6）闭合刀片开关，打开空气开关。

（7）完成串口传输模块置换。

F.6.2.2　恢复测试

（1）通过业务软件查看监控界面实时数据，确定相关接入设备实时观测数据正常。

（2）完成恢复测试。

F.6.3　室内光电转换模块

室内光电转换模块示意图见图 F.26。

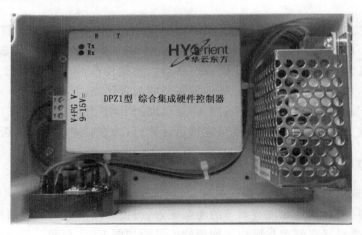

图 F.26　室内光电转换模块示意图

F.6.3.1　硬件置换流程

（1）断开交流电源，从光纤收发接口拔下光纤，从 RJ45 接口拔下网线。

（2）依次拆下 DZZ5 通信转换单元盒的四个角螺丝，打开转换单元盒。

（3）拔下直流供电端子，将固定光纤转换模块的两个螺丝拆下。

（4）将新的串口光纤转换模块换上，并用螺丝固定，将供电端子插回。

（5）盖上 DZZ5 通信转换单元盒，并固定四角螺丝，将光纤和网线插回。

（6）接通交流电源。

（7）完成室内光电转换模块置换。

F.6.3.2　恢复测试

（1）通过业务软件查看监控界面实时数据，确定接入设备实时观测数据正常。

（2）完成恢复测试。

F.6.4 电源系统

见 A.3 电源系统。

F.6.5 线缆(电缆、光缆)

见 A.6 线缆(电缆、光缆)置换。

F.7 软件及参数配置

F.7.1 驱动软件功能及安装

综合集成硬件控制器驱动软件目前支持 Windows XP、WIN7(32 位、64 位)、Windows Server 2008 等操作系统。注意:安装前请关闭所有杀毒软件及安全卫士,安装完成后需重启计算机。

驱动软件主要实现三部分功能:①虚拟串口的安装,分配 8 个串口号;②两个网络通信服务的安装与注册,即 nettocom(由综合集成硬件控制器向主机虚拟串口的数据传送)服务与 comtonet(由主机虚拟串口向综合集成硬件控制器的数据传送)服务;③综合集成硬件控制器的管理软件安装,用于实现对综合集成硬件控制器的配置管理。

驱动软件安装注意的问题:①安装过程中会出现的 DOS 对话框,为系统正在注册服务,直至弹出"安装完成"对话框;②安装完成后需重启计算机;③查看虚拟串口是否安装成功。

F.7.2 软件参数配置

配置软件实现搜索设备 IP、连接设备和对设备进行管理的功能。支持网络信息(如 IP、网关等)的动态配置、串口信息如波特率等的动态配置、历史数据下载和设置用户名密码等功能,方便用户对系统进行远程管理与操作。配置软件界面如图 F.27 所示。

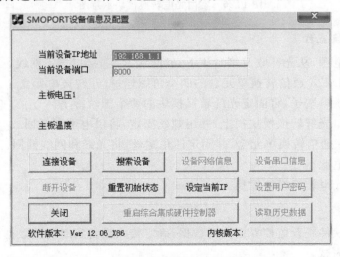

图 F.27　综合集成硬件控制器配置软件

F.7.2.1　连接设备

在当前设备 IP 地址中输入想要连接的设备 IP 地址,当前设备端口中默认 8000。首次安装驱动时,可点击主界面中的"设定当前 IP",将主界面中填写的 IP 设置为下次默认连接默认地址,若不点击"设定当前 IP",则只为当前暂时使用,下次启动配置软件会自动填写之前默认的 IP 号。

点击"连接设备"即可连接到局域网中相应的设备(注意:设备出厂 IP 设置为192.168.1.1,首次连接设备前请将计算机 IP 设置成与设备在同一网段,即 192.168.1.X)。

在计算机与综合集成硬件控制器网络连接正常情况,点击"连接设备"后会出现用户名和密码对话框,首次连接设备使用设备默认的用户名和密码(用户名:SMOPORT,密码:123456),可根据操作提示重新设置用户名和密码。

F.7.2.2　搜索设备

点击界面上的搜索设备,默认 IP 搜索范围为本机局域网段;也可手动指定搜索范围,点击界面上的指定搜索 IP 段,则可进行设置。点击指定搜索 IP 段,在"起始 IP""终止 IP"中输入想要搜索的 IP 段(IP 段的范围可以尽量设置小一些,以便搜索速度更快),点击"开始搜索",即可开始搜索局域网内的设备。搜索的结果会显示在界面上的文本框内,搜索到合适的设备后点击"停止搜索",选中需要的设备 IP,点击"返回",即可完成搜索,选中的 IP 会自动填写到当前设备 IP 地址框内,可直接使用。

F.7.2.3　设备网络信息

点击"设备网络信息",出现如图 F.28 所示的界面,该界面可实现网络信息的查询与更改,输入需要的网络配置信息点击"设置设备网络参数"即可完成配置,改变网络信息后需重连系统。(注意:首次连接系统请将设备的网络信息设置为与计算机在同一局域网段内,子网掩码和默认网关应与计算机上的设置相同。)

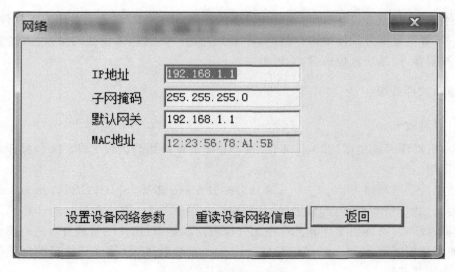

图 F.28　设备网络信息

F.7.2.4　设备串口信息

点击"设备串口信息"可进入串口信息的查询与配置界面,如图 F.29 所示。通过下拉按钮选择需要查询或配置的串口号,同样通过下拉按钮设置需要更改的信息,点击"设置当前串口"即可实现相应串口信息的更改,系统在第一次进入串口设置界面和设置成功后会自动执行一次读串口信息操作,系统界面当前显示的状态即为串口的当前状态。

如当前串口需数据格式转换功能(比如当前串口接的设备不支持数据字典的数据格式),可在数据格式转换下拉框内选择当前串口需要转换的设备(目前只支持 LT31 message2 格式转换),选择完成后点设置当前串口,如需取消数据格式转换功能,在数据格式转换下拉框内选择无,点设置当前串口。

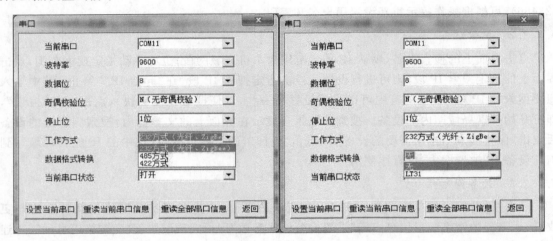

图 F.29　设备串口信息

F.7.2.5　其他

点击主界面中"断开设备"即可断开与设备的连接;点击"关闭"即可关闭配置软件;点击重置初始状态,将重置配置软件里串口信息、IP 地址与用户名密码等设置的信息;点击重启综合集成硬件控制器,同系统复位按键,系统重启。

F.7.3　驱动软件升级

F.7.3.1　操作过程

根据本机操作系统类型(32 位、64 位)选择相应的最新版升级程序,以 64 位操作系统为例进行升级说明。

(1)使用最新版程序 Setup2_06_x64_20160917.exe 卸载"SMOPORTAdmin.exe"软件,选择"除去",如图 F.30 所示,卸载老版本的软件,卸载完毕后,需要重新启动计算机。如出现无法卸载原有驱动,可能由于计算机程序运行权限问题导致,需使用管理身份进行驱动卸载。

(2)使用最新版 Setup2_06_x64_20160917.exe 安装软件,软件安装注意的问题同 F.7.1 驱动软件功能及安装。

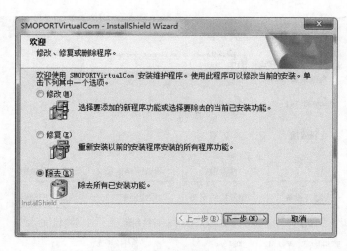

图 F.30　驱动软件卸载界面

F.7.3.2　恢复测试

（1）打开"SMOPORTAdmin.exe"软件，确认软件版本为最新版：Ver 12.06，如图 F.31 所示。

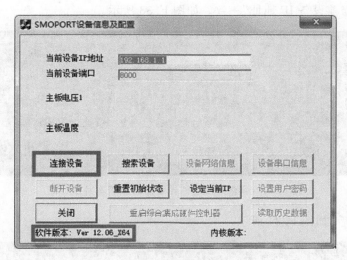

图 F.31　驱动软件版本查看界面

（2）综合集成硬件控制器进行相应参数配置，通过 ISOS 软件读取实时采集数据，数据恢复正常。

（3）完成恢复测试。

F.7.4　内核软件升级

F.7.4.1　操作过程

以 VZ2.03 版本升级到 VZ2.06 版为例进行升级说明。

（1）记录当前设备 IP 地址和内核版本，如图 F.32 所示。

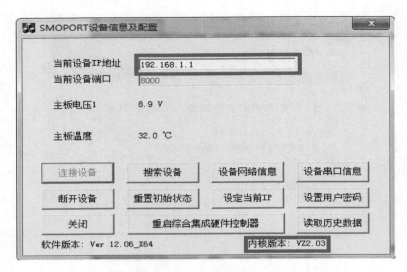

图 F.32　设备 IP 地址和内核版本查看界面

　　(2)运行"综合集成硬件控制器内核升级软件 V206.exe",系统会自动识别升级前综合集成硬件控制器内核版本,手动输入综合集成硬件控制器设备的 IP 地址,需与 SMOPORTAdmin.exe 软件中"当前设备 IP 地址"一致。如图 F.33 所示。

图 F.33　综合集成硬件控制器内核版本升级界面

　　(3)升级成功后,如图 F.34 所示。

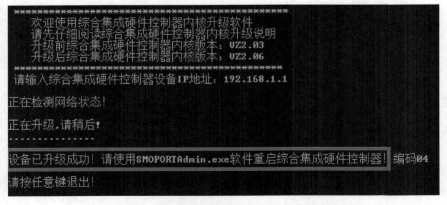

图 F.34　综合集成硬件控制器内核版本升级成功界面

(4)使用"SMOPORTAdmin.exe"软件里的"重启综合集成硬件控制器"按钮,重启综合集成硬件控制器设备。

(5)输入用户名和密码后,确认重启综合集成硬件控制器,然后系统会自动断开与综合集成硬件控制器设备的网络连接,等待 30 秒,综合集成硬件控制器设备重启,综合集成硬件控制器内核升级完毕。

F.7.4.2 恢复测试

(1)使用"SMOPORTAdmin.exe"软件里的"连接设备"按钮连接综合集成硬件控制器设备,确认内核版本为最新版:VZ2.06。如图 F.35 所示。

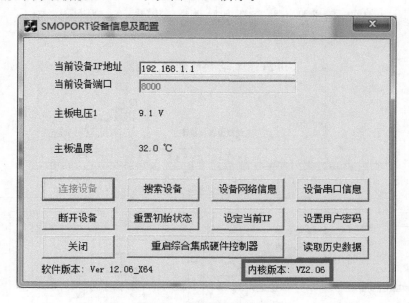

图 F.35 内核版本查看界面

(2)通过 ISOS 软件读取实时采集数据,数据恢复正常。

(3)完成恢复测试。

F.8 附图

F.8.1 综合集成硬件控制器接线图室外部分

综合集成硬件控制器接线图室外部分见图 F.36。

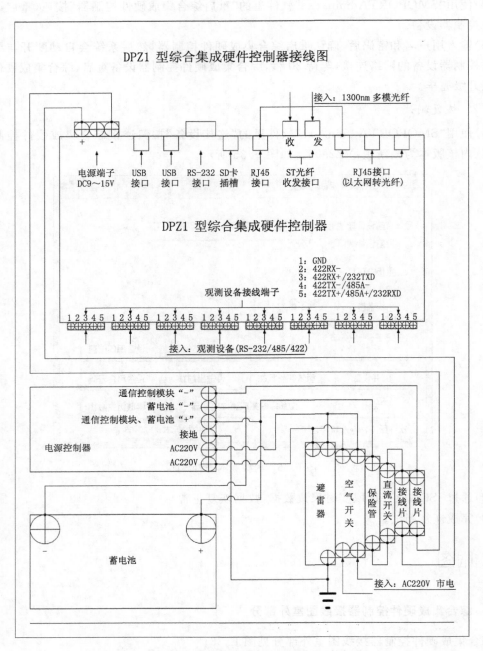

图 F.36　综合集成硬件控制器接线图室外部分

F.8.2　综合集成硬件控制器主机示意图

综合集成硬件控制器主机示意图见图 F.37。

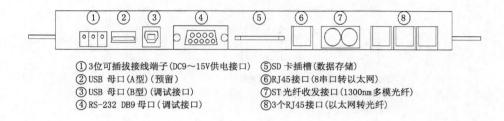

① 3位可插拔接线端子(DC9～15V供电接口)　⑤ SD卡插槽(数据存储)
② USB 母口(A型)(预留)　　　　　　　　　　⑥ RJ45接口(8串口转以太网)
③ USB 母口(B型)(调试接口)　　　　　　　　⑦ ST光纤收发接口(1300nm多模光纤)
④ RS-232 DB9母口(调试接口)　　　　　　　　⑧ 3个RJ45接口(以太网转光纤)

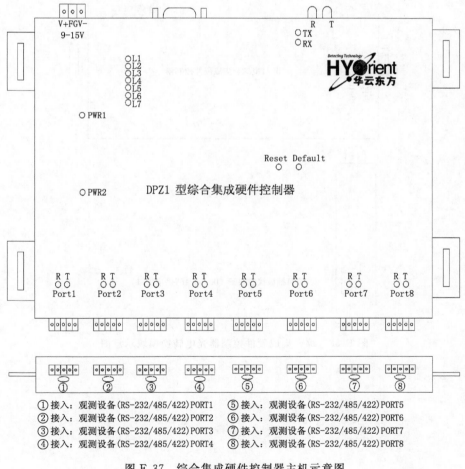

① 接入：观测设备(RS-232/485/422)PORT1　⑤ 接入：观测设备(RS-232/485/422)PORT5
② 接入：观测设备(RS-232/485/422)PORT2　⑥ 接入：观测设备(RS-232/485/422)PORT6
③ 接入：观测设备(RS-232/485/422)PORT3　⑦ 接入：观测设备(RS-232/485/422)PORT7
④ 接入：观测设备(RS-232/485/422)PORT4　⑧ 接入：观测设备(RS-232/485/422)PORT8

图 F.37　综合集成硬件控制器主机示意图

F.8.3　综合集成硬件控制器光电转换模块示意图

综合集成硬件控制器光电转换模块示意图见图 F.38。

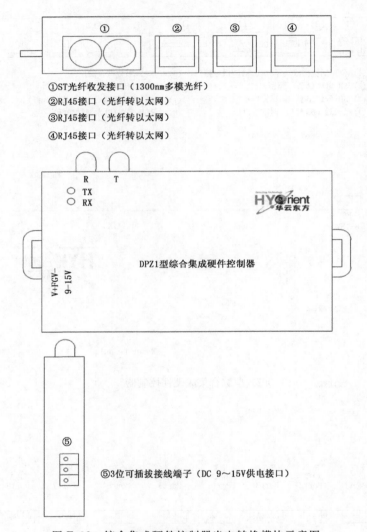

①ST光纤收发接口（1300nm多模光纤）

②RJ45接口（光纤转以太网）

③RJ45接口（光纤转以太网）

④RJ45接口（光纤转以太网）

⑤3位可插拔接线端子（DC 9~15V供电接口）

图 F.38　综合集成硬件控制器光电转换模块示意图